Mitteilungen

über

Forschungsarbeiten

auf dem Gebiete des Ingenieurwesens

insbesondere aus den Laboratorien
der technischen Hochschulen

herausgegeben vom

Verein deutscher Ingenieure.

Heft 92

Springer-Verlag Berlin Heidelberg GmbH 1910

Additional material to this book can be downloaded from http://extras.springer.com.

ISBN 978-3-662-01714-2   ISBN 978-3-662-02009-8 (eBook)
DOI 10.1007/978-3-662-02009-8

Inhalt.

Ueber den praktischen Wert der Zwischenüberhitzung bei Zweifachexpansions-Dampfmaschinen.

Von Professor **A. Watzinger,** Trondhjem.

Theoretische Vorbemerkungen.

1) Vergrößerung der Arbeitsfähigkeit des Niederdruckdampfes durch Zwischenüberhitzung.

Die bei Zweifach-Expansionsmaschinen wiederholt zur Anwendung gebrachte Zwischenüberhitzung des Arbeitsdampfes kennzeichnet sich dadurch, daß der Dampf bei seinem Uebertritt vom Hochdruck- zum Niederdruckzylinder in einem durch Dampf oder Rauchgase wirksam geheizten Aufnehmer nochmals überhitzt wird.

In der mit vollständiger adiabatischer Expansion und Kompression zwischen den gegebenen Druckgrenzen arbeitenden Maschine bewirkt diese Zwischenüberhitzung eine Vergrößerung der Niederdruckarbeit um einen von der Höhe der Ueberhitzung und dem Druckgefälle abhängigen Betrag. Das Entropiediagramm Fig. 1 zeigt in der mit kräftigen Linien umrahmten Arbeitsfläche die ausgenutzte

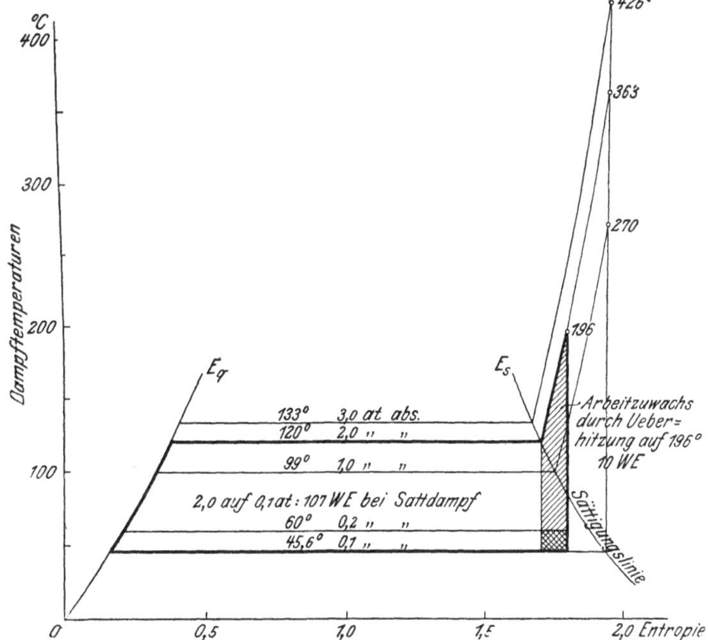

Fig. 1. Theoretische Wärmeausnutzung des ND. Dampfes bei Zwischenüberhitzung für Eintritt-spannungen von 1, 2 und 3 at abs. und Gegendrücke von 0,1 und 0,2 at abs.

Wärme einer mit überhitztem Dampf arbeitenden Niederdruckmaschine für 2,0 at Eintrittspannung, wobei der Anteil der Ueberhitzungswärme an der Arbeitsleistung durch Schraffur hervorgehoben ist. Die angegebenen Wärmeeinheiten beziehen sich auf 1 kg Dampf. Die dünneren Linien in Fig. 1 lassen den Einfluß verschieden großer Ein- und Austrittspannungen und Ueberhitzungstemperaturen auf die Arbeitsfähigkeit des Niederdruckdampfes erkennen. In Zahlenwerten sind dabei die Temperaturen angegeben, von deren Erreichung ab sich der adiabatische Expansionsvorgang bei 0,1 at Gegendruck nur im Ueberhitzungsgebiete vollzieht.

Der Arbeitzuwachs durch Ueberhitzung gegenüber dem Betrieb mit gesättigtem Dampf wird verhältnismäßig um so größer, je kleiner das arbeitende Druckgefälle und je höher die Eintrittüberhitzung ist. Fig. 2 und 3 stellen die Wärmeausnutzung im Niederdruckzylinder einer theoretisch vollkommenen, d. h.

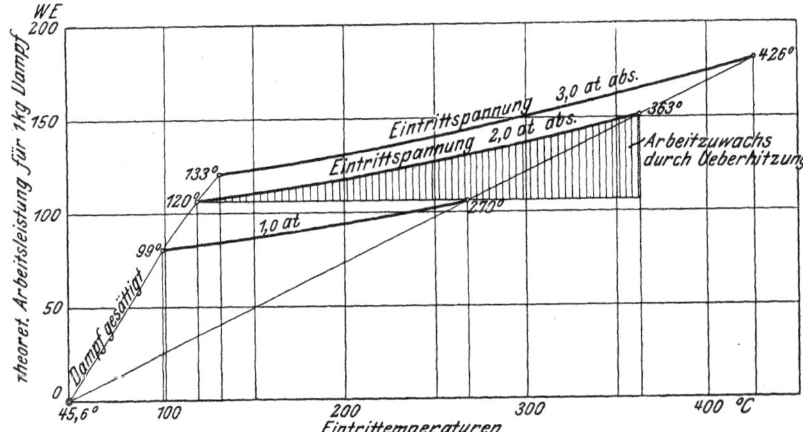

Fig. 2. Gegendruck 0,1 at abs.

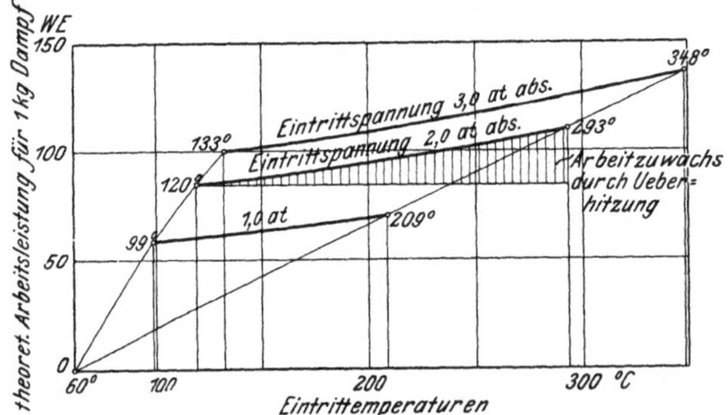

Fig. 3. Gegendruck 0,2 at abs.

Fig. 2 und 3. Theoretische Wärmeausnutzung des ND.-Dampfes bei verschiedenen Eintritttemperaturen und Spannungen.

mit vollständiger adiabatischer Expansion des Dampfes arbeitenden Maschine dar in Abhängigkeit von der Temperatur für Eintrittspannungen von 3,0, 2,0 und 1,0 at abs. und Austrittspannungen von 0,1 und 0,2 at abs. Der Arbeitzuwachs durch Zwischenüberhitzung bei 2,0 at Eintrittspannung ist durch senkrechte Schraffur hervorgehoben.

Die in Fig. 4 dargestellte prozentuale Zunahme der theoretischen Arbeitsfähigkeit mit steigender Ueberhitzung ist am geringsten für das größte Gesamtdruckgefälle (hier 3,0 auf 0,1 at), am größten für das niedrigste Gefälle (1,c auf 0,2 at); doch ist der Unterschied für die hauptsächlich in Frage kommenden kleineren Ueberhitzungen nicht sehr bedeutend. Für eine Temperaturerhöhung von 50° beträgt beispielsweise der theoretische Gewinn 6 bis 8 vH der Arbeitsfähigkeit des nicht überhitzten Niederdruckdampfes. Auf die Arbeitsfähigkeit einer Verbundmaschine (Hochdruck- und Niederdruckzylinder) bezogen, vermindert sich somit dieser theoretische Gewinn auf etwa die Hälfte. Wird die ausgenutzte Ueberhitzungswärme mit der aufgewendeten verglichen,

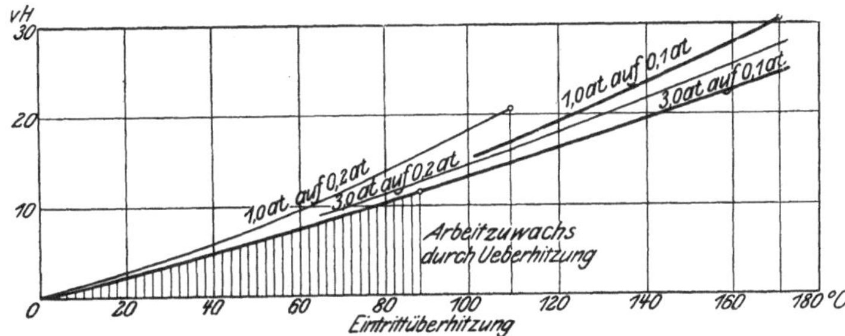

Fig. 4. Prozentuale Zunahme der theoretischen Wärmeausnützung im ND.-Zylinder mit der Ueberhitzung.

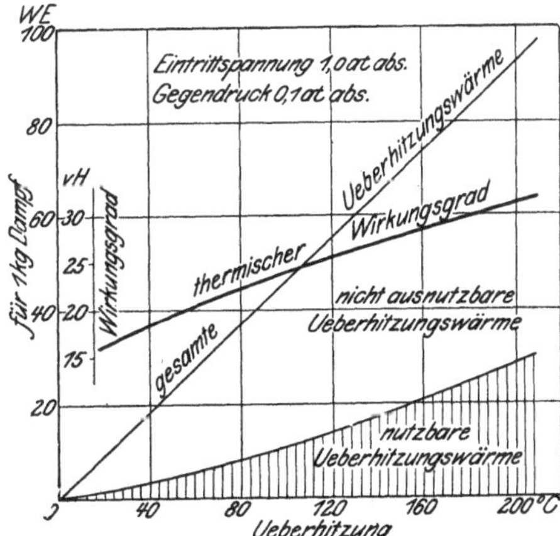

Fig. 5. Thermische Ausnutzung der Ueberhitzungswärme im ND.-Zylinder.

Fig. 5, so wächst erstere mit der Eintrittstemperatur, also auch die thermische Ausnutzung der zugeführten Ueberhitzungswärme infolge Zunahme des nutzbaren Temperaturgefälles. Für Ein- und Austrittspannungen von 1,0 und 0,1 at steigt der thermische Wirkungsgrad auf etwa 32 vH bei 200° Ueberhitzung gegen 24 vH bei 100° Ueberhitzung. Es erscheint somit theoretisch wirtschaftlich, mit möglichst hoher Zwischenüberhitzung zu arbeiten. Die tatsächliche Wirtschaftlichkeit hängt jedoch noch von der Art und Weise der Ueberhitzung des Aufnehmerdampfes und des damit zusammenhängenden Wärmeaufwandes ab.

2) Erzeugung der Ueberhitzungswärme.

Zur Ueberhitzung des Aufnehmerdampfes bieten sich zwei Wege: Heizung durch Dampf und Heizung durch Rauchgase.

Die Zwischenüberhitzung durch Dampf erfolgt entweder durch vom Arbeitsdampf getrennten, ruhenden Frischdampf, der alsdann im Aufnehmerheizraum kondensiert, oder dadurch, daß die zur Arbeitsleistung in der Maschine dienende Frischdampfmenge vor Eintritt in den Hochdruckzylinder durch den Aufnehmer strömt, wodurch der Frischdampf einen Teil seiner Ueberhitzungswärme an den Aufnehmerdampf abgibt. Während im ersteren Falle der Arbeitsdampf mit seiner Höchsttemperatur in den Hochdruckzylinder gelangt und nur in seiner Menge, entsprechend dem Heizdampfverbrauch vermindert wird, tritt er im letzteren Falle mit geringerer Temperatur ein. In beiden Fällen wird die Wärme von Dampf hoher Spannung und Temperatur auf Dampf von wesentlich geringerem Druckgefälle übertragen. Es steht somit der Erhöhung der Arbeitsfähigkeit des Niederdruckdampfes ein Verlust an Arbeitsfähigkeit des Frischdampfes gegenüber. Die grundsätzliche Verschiedenheit der beiden Heizarten geht aus den Entropiediagrammen Fig. 6 und 7 hervor, welche für 1 kg Arbeitsdampf und gleichen Arbeitzuwachs

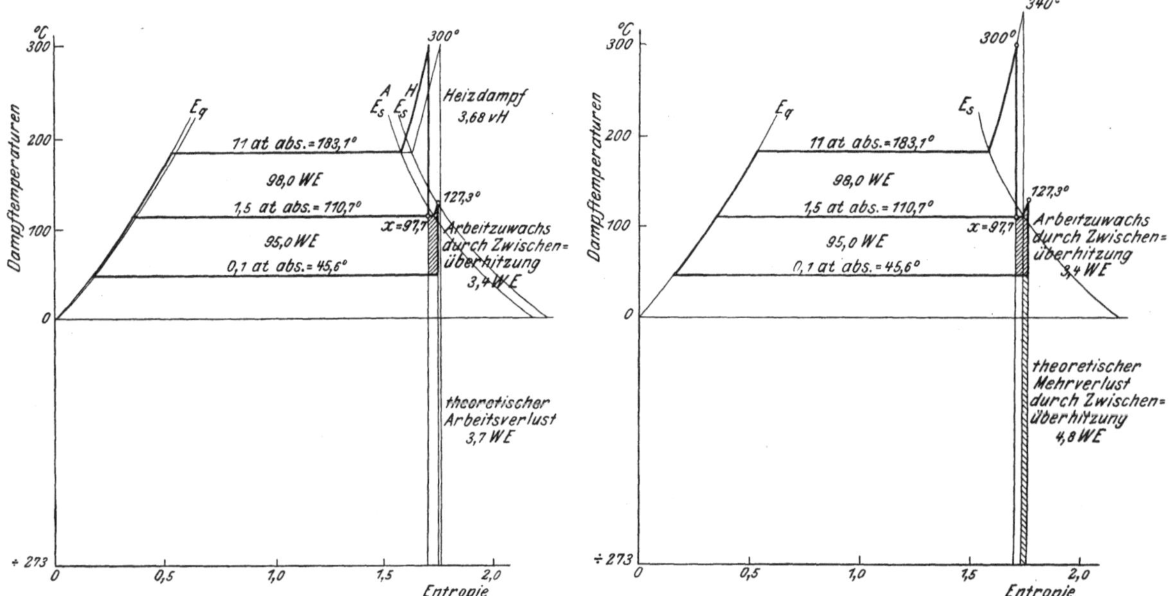

Fig. 6. Heizung des Aufnehmers durch besonders zugeführten Frischdampf. (Wärmeübertragung auch durch Kondensation.)

Fig. 7. Heizung des Aufnehmers durch strömenden Arbeitsdampf (Wärmeübertragung lediglich durch Verminderung der Frischdampfüberhitzung.)

Fig. 6 und 7. Theoretische Ausnutzung der zur Zwischenüberhitzung aufgenommenen Wärme bei gleicher Wärmeübertragung (20 WE).

durch Zwischenüberhitzung gezeichnet sind. Der Wärmeaufwand für die Ueberhitzung tritt demnach in Fig. 6 durch Verbrauch an Heizdampf, d. h. Vergrößerung der Frischdampfmenge, in Fig. 7 durch Temperaturabnahme des Frischdampfes, also Verminderung der Eintrittüberhitzung im Hochdruckzylinder in die Erscheinung. Der Unterschied zwischen dem Wärmebetrag des Heizdampfes, welcher bei normalem Arbeitsprozeß in der ganzen Maschine hätte nutzbar gemacht werden können, und der theoretischen Zunahme der Niederdruckarbeit bildet den mit der Wärmeübertragung verbundenen theoretischen Verlust.

Für das den Fig. 6 und 7 zugrunde liegende Zahlenbeispiel ergeben sich folgende Verhältnisse: 1 kg Dampf von 11 at Eintrittspannung und 300° Temperatur ermöglicht in der theoretisch vollkommenen Maschine bei adiabatischer Expansion auf 0,1 at eine Wärmeausnutzung von 193 WE. Werden nun 20 WE an den Aufnehmerdampf übertragen angenommen, so werden 3,4 WE davon als Arbeitzuwachs im Niederdruckzylinder nutzbar, 16,6 WE gehen verloren.

Erfolgt die Wärmeübertragung bei besonderer Frischdampfheizung, Fig. 6, durch Abgabe von Ueberhitzungs- und Verdampfungswärme $62{,}6 + 481{,}3 = 543{,}9$ WE für 1 kg Dampf, so kondensieren im Zwischenüberhitzer $\frac{20}{543{,}9} = 0{,}0368$ kg Dampf, während im abgehenden Kondensat noch die gesamte Flüssigkeitswärme des Heizdampfes $0{,}0368 \cdot 185 = 6{,}8$ WE enthalten sind. Der mit der Wärmeübertragung verbundene theoretische Verlust entspricht dem Unterschiede der Arbeitsfähigkeit des Heizdampfes in der Maschine $0{,}0368 \cdot 193 = 7{,}1$ WE und dem Arbeitszuwachs von $3{,}4$ WE im Niederdruckzylinder, also $7{,}1 - 3{,}4 = 3{,}7$ WE.

Unter der Annahme, daß außer der Ueberhitzungs- und Verdampfungswärme auch noch der dem Temperaturgefälle von der Sättigungstemperatur $183{,}1^0$ auf die Höchstemperatur im Niederdruckzylinder $127{,}3^0$ entsprechende Teil der Flüssigkeitswärme von $58{,}1$ WE für 1 kg Dampf nutzbar gemacht werden kann, vermindert sich die Heizdampfmenge auf $\frac{20}{543{,}9 + 58{,}1} = 0{,}0332$ kg, so daß sich auch der mit der Zwischenüberhitzung verbundene theoretische Verlust auf $0{,}0332 \cdot 193 - 3{,}4 = 3{,}0$ WE vermindert. Das abgehende Kondensat des Heizdampfes besitzt nur noch einen Wärmeinhalt von $0{,}0332 \cdot 127 = 4{,}2$ WE.

Erfolgt die Wärmeübertragung bei Heizung durch strömenden Arbeitsdampf lediglich durch Verminderung der Frischdampfüberhitzung, Fig. 7, so ist zur Uebertragung von 20 WE ein Frischdampfgefälle von 340^0 auf 300^0 notwendig, wenn angenommen wird, daß der Dampf in diesem Druck- und Temperaturbereich im Mittel die spezifische Wärme $0{,}5$ besitzt. Die Verminderung der Ueberhitzungswärme bedingt eine Abnahme der Arbeitsfähigkeit des Frischdampfes von $201{,}2$ auf 193 WE, also um $8{,}2$ WE, von denen im Niederdruckzylinder nur $3{,}4$ WE zurückgewonnen werden, so daß der theoretische Verlust $4{,}8$ WE beträgt.

Der Vergleich beider Diagramme läßt somit eine größere Wirtschaftlichkeit der Heizung durch ruhenden Frischdampf erkennen, indem bei ihr der theoretische Arbeitsverlust für die angenommene Wärmeübertragung nur $3{,}7$ bezw. $3{,}0$ WE entspricht gegenüber $4{,}8$ WE bei Heizung durch strömenden Arbeitsdampf. Außerdem besteht bei ersterer die Möglichkeit, durch Rückspeisung des Heizkondensats in den Kessel die in dem Kondenswasser enthaltene Flüssigkeitswärme von $6{,}8$ bezw. $4{,}2$ WE nutzbar zu machen. Um nun zu kennzeichnen, in wie weit die Größe des mit der Aufnehmerheizung verbundenen theoretischen Verlustes von der Temperatur des Hochdruckdampfes abhängt, wurden in Fig. 8 für gleiche Wärmeübertragung an den Aufnehmerdampf die theoretisch ausnutzbaren Wärmebeträge im Niederdruckzylinder unter Bezugnahme auf die Frischdampftemperatur vor dem Hochdruckzylinder der bei Arbeitsleistung in beiden Zylindern nutzbaren Wärme gegenübergestellt. Der Unterschied der durch die Kurven a und b für Heizung durch ruhenden und durch strömenden Frischdampf dargestellten normalen Wärmeausnutzung des Heizdampfes in beiden Zylindern gegenüber der im Niederdruckzylinder nutzbaren Wärme zeigt die Größe des theoretischen Verlustes der Zwischenüberhitzung bei steigenden Frischdampftemperaturen vor dem Hochdruckzylinder an. Während der theoretische Verlust der Heizung mit ruhendem Dampfe mit wachsender Temperatur abnimmt, da die thermische Ausnutzung der Gesamtwärme des Frischdampfes weniger rasch zunimmt, als die der Ueberhitzungswärme des Aufnehmerdampfes, erfährt er bei Heizung durch strömenden Dampf unter alleiniger Abgabe von Ueberhitzungswärme eine geringe Zunahme. Für Heizung mit ruhendem Dampf, Kurve a, wurde, da die Abgabe an latenter Wärme seitens des kondensierenden Dampfes nicht genau angegeben werden kann, die Heizdampfmenge zunächst unter der Annahme berechnet, daß lediglich die Ueberhitzungs- und Verdampfungswärme entzogen werden könne, daß also im abgehenden Kondensat noch die gesamte Flüssigkeitswärme enthalten sei. Durch die im Heizvorgang mögliche Ausnutzung dieser Flüssigkeitswärme bis zur

Höchsttemperatur der Zwischenüberhitzung herab kann sich der Heizaufwand noch um den durch Schraffur hervorgehobenen Wärmebetrag vermindern. Solange der Niederdruckdampf feucht ist (links von »n« in Fig. 8), entspricht der ausnutzbare Teil der Flüssigkeitswärme dem Unterschiede der Sättigungstemperaturen von 183,1° und 110,7°. Mit steigender Zwischenüberhitzung von Punkt n an nimmt die Möglichkeit der Ausnutzung der Flüssigkeitswärme ab und verschwindet, wenn die Zwischenüberhitzung die Höhe der Sättigungstemperatur des Frischdampfes (183,1°, Punkt g) erreicht hat. Höhere Zwischenüberhitzung kann mit Heizung durch Frischdampf nicht erzielt werden, da kein Temperaturgefälle mehr zur Uebertragung der Verdampfungswärme vorhanden ist. Fig. 8

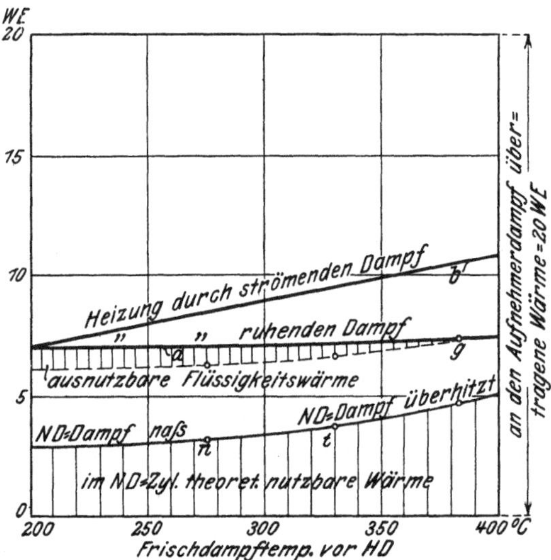

Fig. 8. Theoretische Ausnutzung der an den Aufnehmerdampf übertragenen Wärme im ND.-Zylinder im Vergleich zu ihrer Ausnutzungsmöglichkeit in beiden Zylindern für Heizung durch ruhenden und stömenden Dampf bei verschiedenen Frischdampftemperaturen. Frischdampfspannung 11,0 at abs., Aufnehmerspannung 1,5 at abs., Gegendruck im ND.-Zylinder 0,1 at abs.

zeigt, daß eine merkliche Erhöhung der Arbeitsfähigkeit des Dampfes im Niederdruckzylinder durch die Wärmeübertragung erst dann hervorgerufen wird, wenn der aus dem Hochdruckzylinder in den Aufnehmer übertretende Dampf keine Feuchtigkeit mehr besitzt (Punkt t). Es folgt daraus die Zweckmäßigkeit einer sorgfältigen Entwässerung des Aufnehmerdampfes vor Eintritt in den Zwischenüberhitzer.

Die theoretische Ueberlegenheit der Heizung durch ruhenden Dampf muß dazu führen, sie in allen Fällen zu bevorzugen, in denen geringe Zwischenüberhitzung erzielt werden soll. Heizung mit strömendem Dampf erscheint dagegen nur zur Erzielung hoher Zwischenüberhitzung gerechtfertigt, die bei Heizung durch ruhenden Dampf, insoweit sie überhaupt zu verwirklichen ist, unbequem große Abmessungen der Zwischenüberhitzer bedingen würde. Die Heizung mit strömendem Dampf besitzt noch eine besondere wirtschaftliche Bedeutung dadurch, daß sie infolge Ueberleitung eines Teiles der Ueberhitzungswärme des Frischdampfes nach dem Niederdruckzylinder die Möglichkeit bietet, höhere Ueberhitzungstemperaturen des Frischdampfes auszunutzen, als aus betriebstechnischen Gründen im Hochdruckzylinder zulässig sind. Fig. 8 läßt jedoch im Zusammenhang mit Fig. 6 und 7 erkennen, daß schon eine geringe, betriebstechnisch also wenig bedeutungsvolle Temperaturabnahme des

Frischdampfes, Fig. 7, mit sehr erheblichem Mehrverlust gegenüber der besonderen Frischdampfheizung, Fig. 6, verbunden ist. Es ist Aufgabe des Versuchs zu entscheiden, inwieweit sich durch Verbindung beider Heizungsmöglichkeiten wirtschaftliche und betriebstechnische Gesichtspunkte vereinigen lassen.

In den Beispielen, Fig. 6 und 7 wurde ein rein theoretischer Vorgang vorausgesetzt, bei welchem der Wärmeinhalt des in den Zwischenüberhitzer eintretenden Dampfes dem Endzustande der adiabatischen Expansion im Hochdruckzylinder entspricht. In der ausgeführten Maschine besitzt der aus dem Hochdruckzylinder austretende Dampf stets einen größeren Wärmeinhalt. Es wird nämlich, wenn Beharrungszustand der Maschine vorausgesetzt und von Strahlungsverlusten abgesehen wird, die gesamte während der Kompression und Füllung an die Wandung übergegangene Wärme durch Rückströmung während der Expansion und Austrittsperiode dem Arbeitsdampf wieder zugeführt. Außerdem wird der ganze dem Arbeitsverlust durch unvollständige Expansion entsprechende Wärmewert von dem Auspuffdampf aufgenommen, der auch infolge Durchlässigkeit der Steuerorgane und Kolben eine bisweilen beträchtliche Erhöhung seines Wärmeinhalts erfährt. Der Eintrittsdampf des Niederdruckzylinders besitzt also einen um die gesamten Wärmeverluste im Hochdruckzylinder größeren Wärmeinhalt, als die adiabatische Expansion im Hochdruckzylinder ermöglicht haben würde. Dies hat einen teilweisen Rückgewinn der Verlustwärme des Hochdruckzylinders im Niederdruckzylinder zur Folge, Fig. 9, dessen Höhe aus dem Gütegrad des Hochdruck-

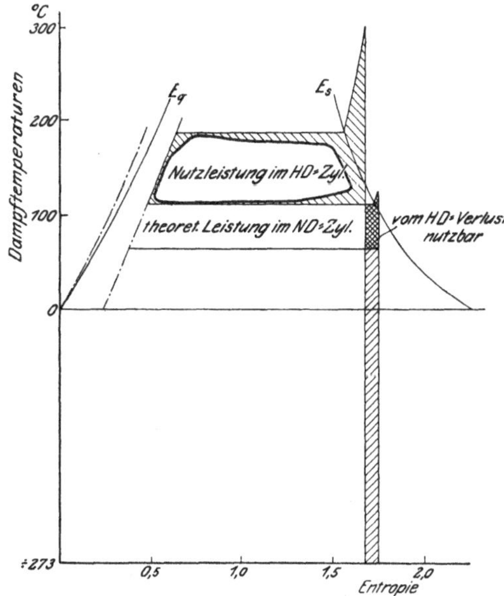

Fig. 9. Erhöhung des Wärmeinhaltes des Aufnehmerdampfes durch Aufnahme von Verlustwärmen des HD.-Zylinders.

zylinders berechnet werden kann. Bei geheiztem Hochdruckzylinder kann bisweilen ein noch größerer Wärmeinhalt des austretenden Dampfes festgestellt werden, als sich nach Vorhergehendem ergibt, indem der Auspuffdampf aus den Wandungen noch Wärme aufnimmt, während bei nicht geheizten Zylindern die Strahlungsverluste den Wärmeinhalt des Auspuffdampfes vermindern. In den Fig. 10 und 11 wurde unter Annahme eines Gütegrades des Hochdruckzylinders von 75 vH der Dampfzustand vor Eintritt in den Zwischenüberhitzer ermittelt; die durch Zwischenüberhitzung hervorgerufenen Wärmeänderungen wurden unter denselben Annahmen wie in Fig. 6 und 7 bestimmt. Bei gleicher Größe der an den Niederdruckdampf übertragenen Wärme, wie für die Diagramme 6 und 7, ist deren thermische Ausnutzung größer als früher wegen der höheren Dampftemperaturen im Niederdruckzylinder. Die Zunahme der Wärmeausnutzung ist in Fig. 12 aus dem Vergleich mit der aus Fig. 8 übertragenen gestrichelten Kurve zu erkennen. Infolge der durch die Aufnahme der Verlustwärmen des Hochdruckzylinders bedingten Erhöhung der Niederdruckdampftemperatur wird die oberste Grenze der Heizmöglichkeit mit ruhendem Dampf bereits theoretisch bei einer Frischdampftemperatur von rd. 300° erreicht (Punkt *g* in Fig. 12).

Die theoretischen Diagramme Fig. 10 und 11, welche der Untersuchung ausgeführter Maschinen mit Zwischenüberhitzung zugrunde zu legen sind, lassen erkennen, daß die Erhöhung der Leistung des Niederdruckzylinders über die durch die Frischdampfadiabate des Hochdruckzylinders begrenzte theoretische Leistung hinaus nicht allein auf die Zwischenüberhitzung sondern auch auf die Ausnutzung des Hochdruck-Wärmeverlustes zurückzuführen

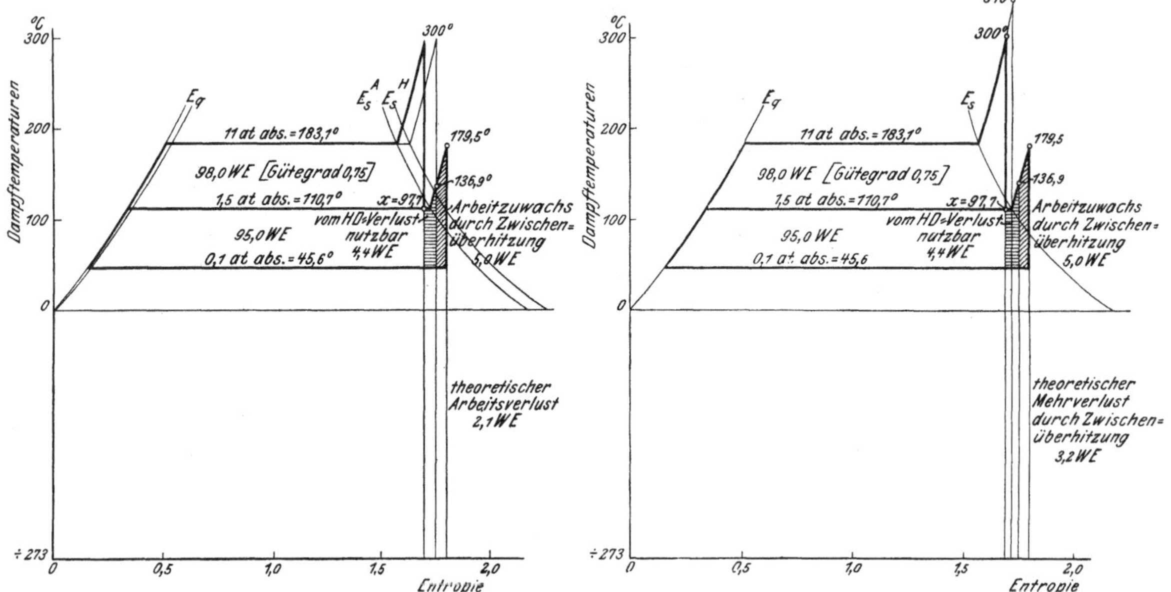

Fig. 10. Heizung des Aufnehmers durch besonders zugeführten Frischdampf. (Wärmeübertragung auch durch Kondensation)

Fig. 11. Heizung des Aufnehmers durch strömenden Arbeitsdampf. (Wärmeübertragung lediglich durch Abgabe von Ueberhitzungswärme.)

Fig. 10 und 11. Theoretische Ausnutzung der zur Zwischenüberhitzung aufgenommenen Wärme, wie Fig. 6 und 7, aber unter Berücksichtigung der Aufnahme von Verlustwärmen des HD.-Zylinders.

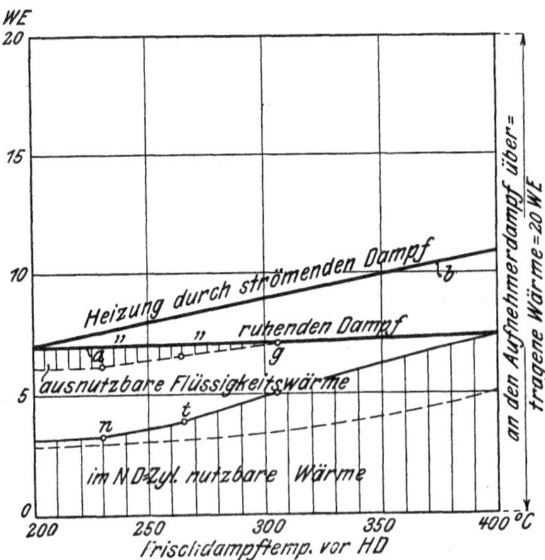

Fig. 12. Theoretische Ausnutzung der an den Aufnehmerdampf übertragenen Wärme, wie Fig. 8, aber unter Berücksichtigung der Aufnahme von Verlustwärme des HD.-Zylinders. Frischdampfspannung 11,0 at abs., Aufnehmerspannung 1,5 at abs., Gegendruck im ND.-Zylinder 0,1 at abs.

ist. Die genaue Ermittlung der durch Zwischenüberhitzung allein übertragenen Wärme setzt daher die Kenntnis des wirklichen Dampfzustandes am Hochdruckzylinder-Austritt voraus, dessen Nichtberücksichtigung eine Ueberschätzung der Wirksamkeit der Zwischenüberhitzung zur Folge hat (wie beispielsweise in Z. d. V. d. I. 1905 S. 1152).

Bei Zwischenüberhitzung durch Rauchgase entspricht der Wärmeaufwand für die Ueberhitzung der von den Rauchgasen an den Aufnehmerdampf abgegebenen Wärme. Die mit dieser Wärmeübertragung verbundenen Verluste kommen nur im Kesselwirkungsgrad zum Ausdruck. Es ist jedoch zu beachten, daß die durch Zwischenüberhitzung zugeführte Rauchgaswärme im Niederdruckdampf viel weniger ausgenutzt wird als die Ueberhitzungswärme im Hochdruckdampf. Die Zwischenüberhitzung durch Rauchgase erscheint daher theoretisch nur dann vorteilhaft, wenn sie durch die abgehenden Rauchgase, deren Temperatur für die Heizung der Frischdampfüberhitzer nicht mehr ausreicht, bestritten werden kann, und wenn womöglich der Schornsteinverlust dadurch verkleinert wird. Wird die Wirkung der Zwischenüberhitzung ohne Rücksicht auf den Wärmeaufwand am Kessel betrachtet, so erscheint die Rauchgasüberhitzung natürlich stets günstiger als die Aufnehmerheizung durch Frischdampf, bei welcher der theoretische Verlust der Heizung im Arbeitsdampf selbst zur Geltung kommt.

Versuche an ausgeführten Maschinen mit Zwischenüberhitzung.

Nach Vorstehendem kann die praktische Bedeutung der Zwischenüberhitzung nicht in der geringen Vergrößerung der Niederdruckleistung zu suchen sein, die nur durch einen erheblichen Verlust an Frischdampfwärme erzielt wird, so wenig wie für die allgemeine Verwendung der Frischdampfüberhitzung vor dem Hochdruckzylinder die mit der Ueberhitzung verbundene theoretische Leistungssteigerung maßgebend ist. In ähnlicher Weise wie die praktische Bedeutung der Frischdampfüberhitzung erfahrungsgemäß hauptsächlich auf der Beschränkung der Eintrittkondensation im Hochdruckzylinder und der dadurch bedingten Erhöhung seines Gütegrades beruht, kann auch für den Niederdruckzylinder als Wirkung der Zwischenüberhitzung eine Verbesserung des Arbeitsvorganges durch Verminderung der Wechselwirkung zwischen Dampf und Zylinderwandung, also durch Steigerung der Wärmeausnutzung, erwartet werden. Die einleitenden theoretischen Bemerkungen lassen allerdings erkennen, daß eine im Dampfverbrauch der Maschine sich ausprägende Ersparnis erst dann auftreten kann, wenn die auf der Zunahme des Gütegrades beruhende Wärmeersparnis im Niederdruckzylinder den mit dem Heizvorgange verbundenen Wärmeverlust überschreitet.

Die Beurteilung der wirtschaftlichen Bedeutung der Zwischenüberhitzung zerfällt somit in die Beantwortung zweier Fragen: 1) Welche Verminderung der Wärmeverluste im Niederdruckzylinder wird durch die Zwischenüberhitzung herbeigeführt? und 2) Wie groß ist der wirkliche Wärmeaufwand für die Zwischenüberhitzung?

Zur Beurteilung der ersten Frage, welche den Einfluß der Zwischenüberhitzung auf den Gütegrad betrifft, sind Versuche an Niederdruck-Einzylindermaschinen sehr geeignet, da sie einen nicht durch Veränderungen des Dampfzustandes im Hochdruckzylinder getrübten Einblick in die durch die Ueberhitzung herbeigeführten Veränderungen der Wärmeausbeute am Niederdruckzylinder gewähren. Es ist hier insbesondere auf Versuche von Prof. Doerfel an einer Einzylinder-Corlissmaschine [1]) hinzuweisen, deren wichtigste Ergebnisse in einer für die vorliegende Betrachtung geeigneten Form in den Fig. 13 und 14 wiedergegeben sind.

Die Versuche wurden bei gleicher Füllung und annähernd gleichen Endexpansionsspannungen, aber mit wechselnden Eintrittsdrücken und bei mit zunehmen-

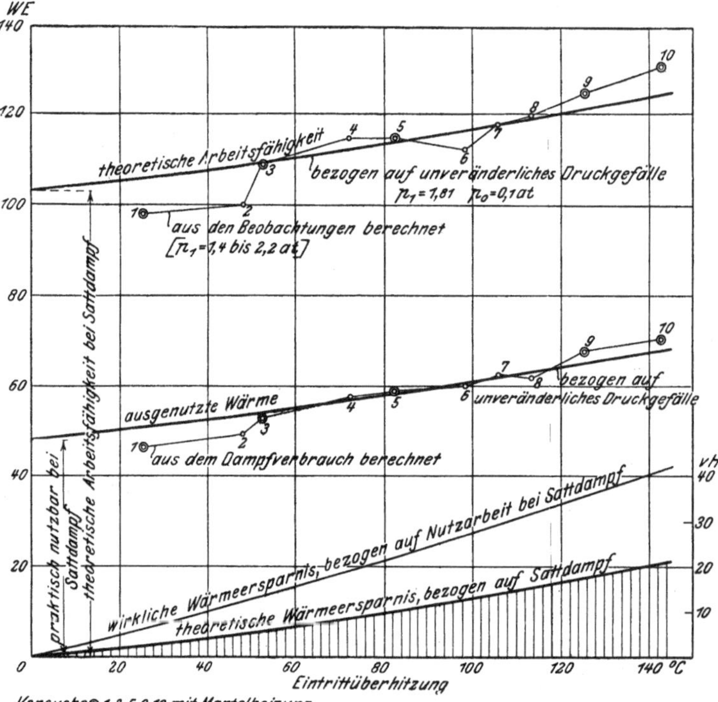

Fig. 13. Theoretische und wirkliche Wärmeausnutzung für 1 kg Dampf und prozentuale Wärmeersparnis durch Zwischenüberhitzung.

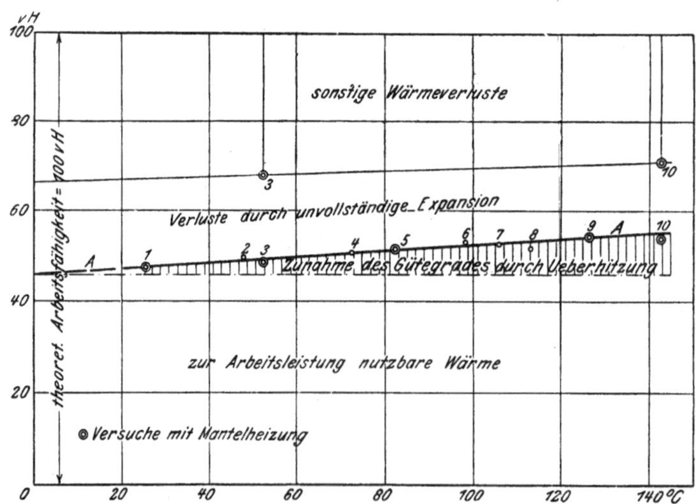

Fig. 14. Zunahme des Gütegrades und Abnahme der Wärmeverluste im Zylinder mit steigender Ueberhitzung. Die Punkte I, II, IV, sowie die durch Querschraffur hervorgehobenen Wärmeverluste beziehen sich auf Versuche von Prof. Gutermuth.

Fig. 13 und 14. Versuche von Prof. Doerfel an einer Niederdruck-Einzylindermaschine $\dfrac{452}{900}$; $n = 74$.

---

[1]) Zeitschrift des Vereines deutscher Ingenieure 1899 S. 1518.

der Belastung steigender Ueberhitzung ausgeführt. Aus der Verschiedenheit der Betriebsdrücke und Leistungen erklärt sich der unregelmäßige Verlauf der aus den Beobachtungswerten berechneten Kurven der theoretischen und wirklichen Arbeitsfähigkeit von 1 kg Dampf in WE, Fig 13, durch den der unmittelbare Vergleich der Versuchsergebnisse erschwert wird. Dieser wird anschaulicher ersichtlich aus der durch die Ueberhitzung hervorgerufenen Veränderung der auf die theoretische Arbeitsfähigkeit bezogenen Wärmeausnutzung im Zylinder, Fig. 14. Die Gütegradkurve verläuft in dem Versuchsbereich fast genau geradlinig, in ähnlicher Weise, wie dies bisher nur für die Frischdampfüberhitzung vor dem Hochdruckzylinder festgestellt wurde, und zwar wächst der Gütegrad für 50° Temperaturzunahme um etwa 2¹/₂ vH. Die eigentlichen Wärmeverluste im Zylinder nach Abzug des Verlustes durch unvollständige Expansion nehmen etwas weniger ab, als der Zunahme des Gütegrades entspricht, da der prozentuale

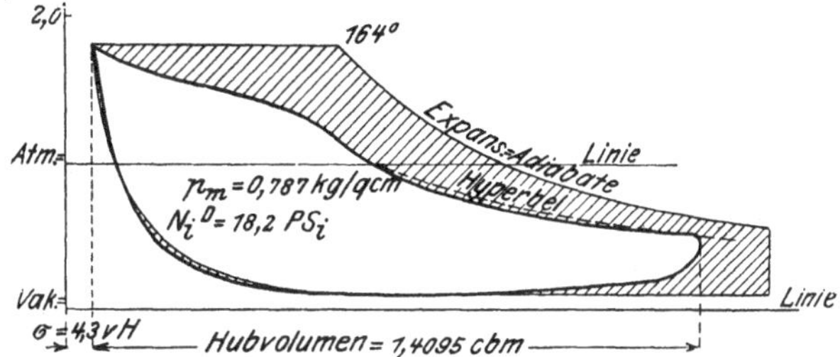

Fig. 15. Versuch 3, geringe Ueberhitzung.

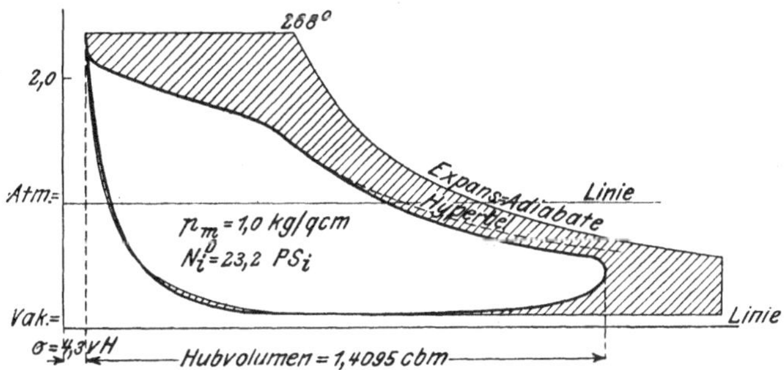

Fig. 16. Versuch 10, hohe Ueberhitzung.

Fig. 15 und 16. Indikatordiagramme der ND.-Einzylindermaschine. Versuche von Prof. Doerfel.

Verlust durch unvollständige Expansion sich anscheinend mit steigender Ueberhitzung etwas vermindert. Werden unter Benutzung der Gütegrade die unregelmäßigen Kurven der wirklich ausgenutzten und theoretisch ausnutzbaren Wärme, Fig. 13, auf gleiches Druckgefälle umgerechnet, so tritt deutlich in Erscheinung, daß die Zunahme der Nutzarbeit mit steigender Zwischenüberhitzung größer ist als die der theoretischen Arbeit. Während letztere auf 50° Temperaturzunahme, s. Fig. 13, nur 6 bis 7 vH beträgt, berechnet sich bei gleicher Ueberhitzung die Vergrößerung der Nutzarbeit auf 13 bis 14 vH. In den Indikator-Diagrammen, Fig. 15 und 16, wird diese Verbesserung des Arbeitsvorganges, die hauptsächlich auf die Verminderung der Wechselwirkung zwischen Dampf und Wandung mit steigender Ueberhitzung zurückzuführen ist, aus dem Vergleich mit den für gleiche Kompressions- und Frischdampfmenge gezeichneten theoretischen Diagrammen in der Verringerung der Eintrittverluste sowie in dem steileren Abfall der Expansionslinie bei höherer Ueberhitzung ersichtlich. Zur Beurteilung des Verlaufs der Expansionslinien sind außer den Expansionsadiabaten der Gesamtdampfmenge noch Hyperbeln für die zu Beginn der Expansion nachweisbare Dampfmenge eingezeichnet.

Die Versuche ergeben bei Mantelheizung durch den niedrig gespannten Eintrittsdampf infolge des mit 1,5 bis 0,5 vH des Gesamtdampfverbrauchs sehr geringen Verbrauchs im Dampfmantel eine so geringe Verminderung der Wärmeverluste, daß diese nur zur Deckung des Mantelverbrauchs ausreicht, ohne, selbst bei geringer Ueberhitzung, eine weitere Wärmeersparnis gegenüber nicht geheiztem Zylinder zu ermöglichen.

Die Wirkungslosigkeit der Heizung dürfte jedoch nur in der besonderen Anordnung der Heizung in vorliegendem Falle begründet sein. Bei Versuchen von Prof. Gutermuth an einer Verbund-Heißdampfmaschine[1]), die bei nicht geheiztem Zylinder mit steigender Ueberhitzung annähernd gleiche Verminderung der Wärmeverluste aufweisen, wie die Versuche von Prof. Doerfel, erwies sich nämlich die durch hochgespannten Kesseldampf erfolgende Heizung des Niederdruckzylinders als sehr wirksam und führte zu einer Wärmeersparnis, die bei Zwischenüberhitzung erst durch eine um 60° höhere Dampftemperatur erreicht wurde (Versuch IV in Fig. 14 im Vergleich zu Versuch I und II).

Die Versuche von Prof. Doerfel gewähren einen wertvollen Einblick in die Veränderung des Dampfzustandes im Niederdruckzylinder durch Zwischenüberhitzung; für die Beurteilung des wirtschaftlichen Wertes der letzteren sind sie jedoch von untergeordneter Bedeutung, da sie keinen Anhaltpunkt über die Größe des Wärmeaufwandes für die Erzeugung der Zwischenüberhitzung bieten und die auf die Niederdruckleistung und ohne Berücksichtigung des Wärmeaufwandes angegebene Größe der Wärmeersparnis in Fig. 13 leicht zu falschen Vorstellungen über die mögliche Größe der wirklichen Wärmeersparnis führt.

Praktische Folgerungen über die Wirtschaftlichkeit der Zwischenüberhitzung können nur durch Vergleichsversuche an Verbundmaschinen im Betrieb mit und ohne Zwischenüberhitzung gewonnen werden unter genauer Feststellung des von der Anordnung der Aufnehmerheizung abhängigen Wärmeaufwandes zur Erzeugung der Ueberhitzungswärme.

Der häufig erhobene Einwand, daß bei derartigen Vergleichsversuchen zwei nicht zusammen passende Vorgänge miteinander verglichen werden[2]), indem die Maschine zum Teil unter Betriebsbedingungen zu arbeiten hat, die nicht ihren konstruktiven Verhältnissen entsprechen, ist an sich richtig; doch wird hierbei der Einfluß veränderter Leistungsverteilung und Dampfexpansion auf den Arbeitsvorgang überschätzt, insofern Aenderungen der Volumverhältnisse beider Zylinder oder der Füllungsgrößen bei nicht zu großen Abweichungen erfahrungsgemäß nur geringen Einfluß auf die Wärmeausnutzung ausüben. Auch lassen sich bei der Beurteilung der Versuchsergebnisse solche Einflüsse berücksichtigen. Es genügt allerdings nicht, nur die unmittelbaren Versuchsergebnisse hinsichtlich Dampf- oder Wärmeverbrauch in Vergleich zu ziehen und eine prozentuale Ersparnis der Zwischenüberhitzung zu berechnen, da ein derartiger Vergleich begreiflicherweise zu erheblichen Irrtümern führen kann; vielmehr ist stets die Wärmeverteilung, soweit möglich, rechnerisch zu verfolgen durch Feststellung der ausgenutzten Wärme und der Wärmeverluste, des Verlustes durch unvollständige Expansion und des Bedarfs der Mantel- und Aufnehmerheizung, deren Zusammenfassung in geeigneter graphischer Darstellung erst ein einwandfreies Urteil über den Vergleichswert der Versuche ermöglicht.

Die im folgenden mitgeteilten Versuche wurden an Verbund-Dampfmaschinen ausgeführt, die für den Betrieb mit Zwischenüberhitzung gebaut sind und hierfür die günstigste Arbeitsverteilung besitzen. Derartige Versuche fehlen bisher in

---

[1]) Zeitschrift des Vereines deutscher Ingenieure 1896 S. 1390.
[2]) Zeitschrift des Vereines deutscher Ingenieure 1905 S. 1997.

der deutschen Literatur und bilden eine Ergänzung des von Dr.-Ing. Berner zusammengestellten Versuchsmaterials[1]), das in sich keine ausreichenden Unterlagen für die allgemeinere Beurteilung der wirtschaftlichen Bedeutung der Zwischenüberhitzung bietet.

Erster Abschnitt.
Zwischenüberhitzung durch Frischdampf.
I. Zwischenüberhitzung durch hochüberhitzten Arbeitsdampf.

1) Versuche an einer 900 pferdigen liegenden Verbunddampfmaschine von Gebrüder Stork, Hengelo, Holland.

Die Versuche wurden im September 1905 an der Betriebsmaschine der Nederlandsche Katoenspinnerij in Hengelo vom Verfasser ausgeführt. Einen Dispositionsplan der Maschine zeigt Fig. 17.

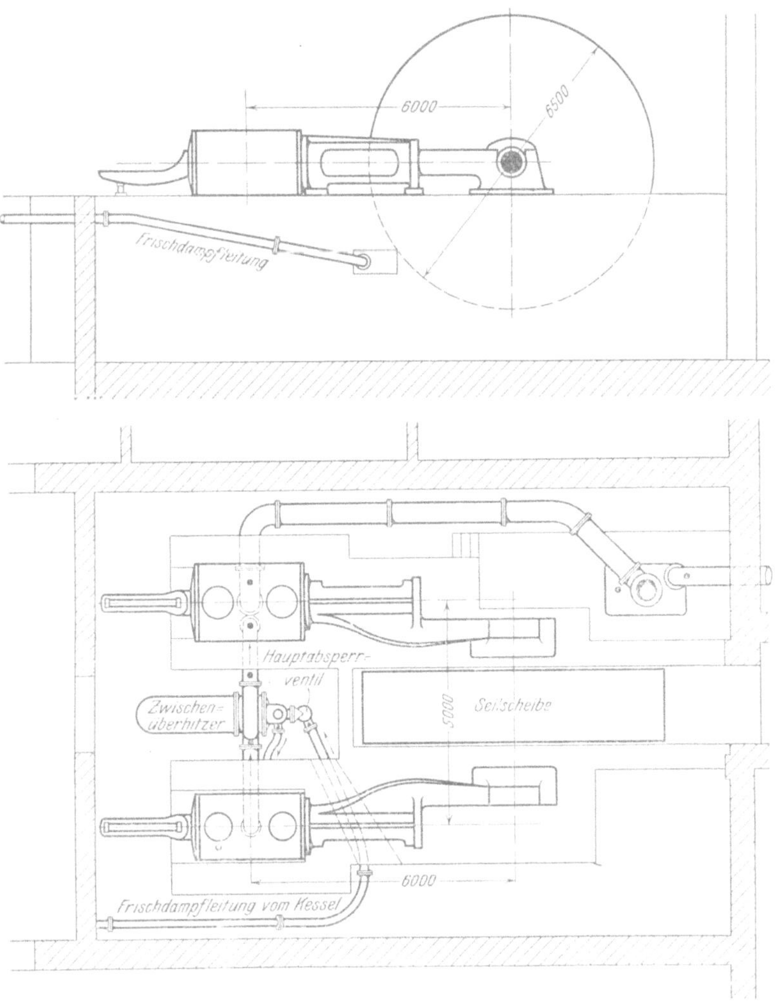

Fig. 17.   Liegende Verbundmaschine von Gebr. Stork, Hengelo   Dispositionsplan.

---

[1]) Zeitschrift des Vereines deutscher Ingenieure 1905 S. 1472.

Hauptabmessungen von Kessel und Maschine.

Zweiflammrohrkessel, Heizfläche . . . . 100 qm
Kesselüberhitzer von W. Schmidt, Heizfläche . . . 90 »
Aufnehmerüberhitzer, Heizfläche . . . . 52 »
Dampfmaschine: Hub . . . . 1300 mm
     »   Zylinder-Durchmesser Hochdruck . 700,8 »
     »   »   »   Niederdruck. 1160 »
durchgehende Kolbenstange in beiden Zylindern . . 150 »
wirksame Kolbenfläche Hochdruck . . . . 3680,5 qcm
     »   »   Niederdruck . . . . . . 10391,6 »
Zylinderverhältnis 1:2,28

Der Frischdampf durchströmt vor Eintritt in den Hochdruckzylinder den als Röhrenüberhitzer ausgebildeten Aufnehmer, Fig. 18. Der Kopf des Aufnehmers ist aus Stahlguß, der Aufnehmerkörper aus Gußeisen, die Heizrohre aus Messing. Durch Einstellen des Schiebers *S*, Fig. 18, läßt sich die Dampfströmung im Ueberhitzer und damit der Ueberhitzungsgrad regeln. Bei ganz geöffnetem Schieber

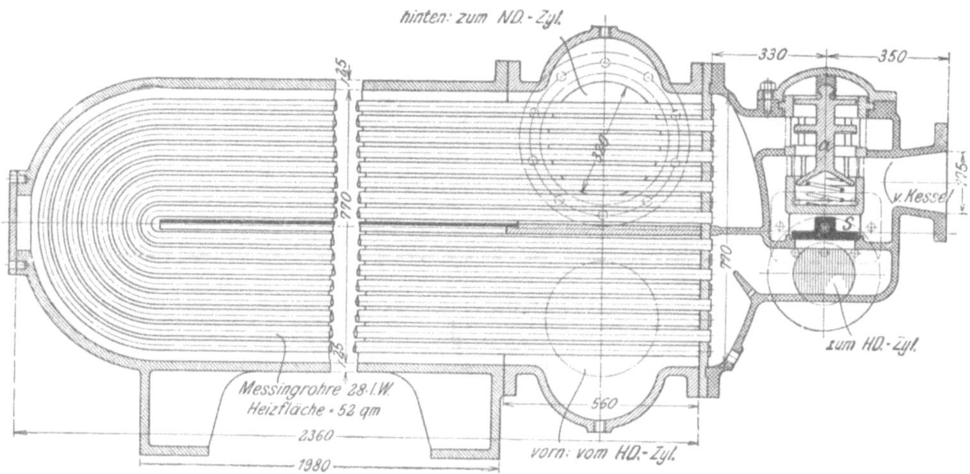

Fig. 18. Aufnehmerüberhitzer von 52 qm Heizfläche

geht nur ein kleiner Teil der Frischdampfmenge durch die Heizröhren und mischt sich im Aufnehmerkopfe wieder mit dem Frischdampfe, während der größere Teil des Frischdampfs unmittelbar zum Hochdruckzylinder übergeht: die Wärmeübertragung ist nur gering. Bei geschlossenem Schieber dagegen strömt die ganze Frischdampfmenge durch die Heizröhren: die Ueberhitzung wird am größten. Teilweise Eröffnung des Schiebers *S* ermöglicht zwischenliegende Dampftemperaturen. Durch Feststellung eines von zwei Federn abgestützten, im Ruhezustand auf dem Sitz aufruhenden Ventiles *a*, dessen außen hörbare Bewegung eine Beurteilung der Strömung gestattet, ist es möglich, die Strömung vollkommen zu verhüten und den Einfluß einer ruhenden Dampfmenge auf die Zwischenüberhitzung zu beobachten[1]).

Die beiden Dampfzylinder besitzen keine Dampfmäntel und sind mit freistehenden Ventilgehäusen gegossen. Die Dampfzufuhr erfolgt bei dem Hoch-

---

[1]) Ursprünglich sollte das Ventil *a* mit dem Regulator verbunden werden, um in Art der Füllungsüberhitzung zu ermöglichen, daß mit sinkender Belastung höhere Dampftemperaturen nach dem Niederdruckzylinder übergeschoben würden.

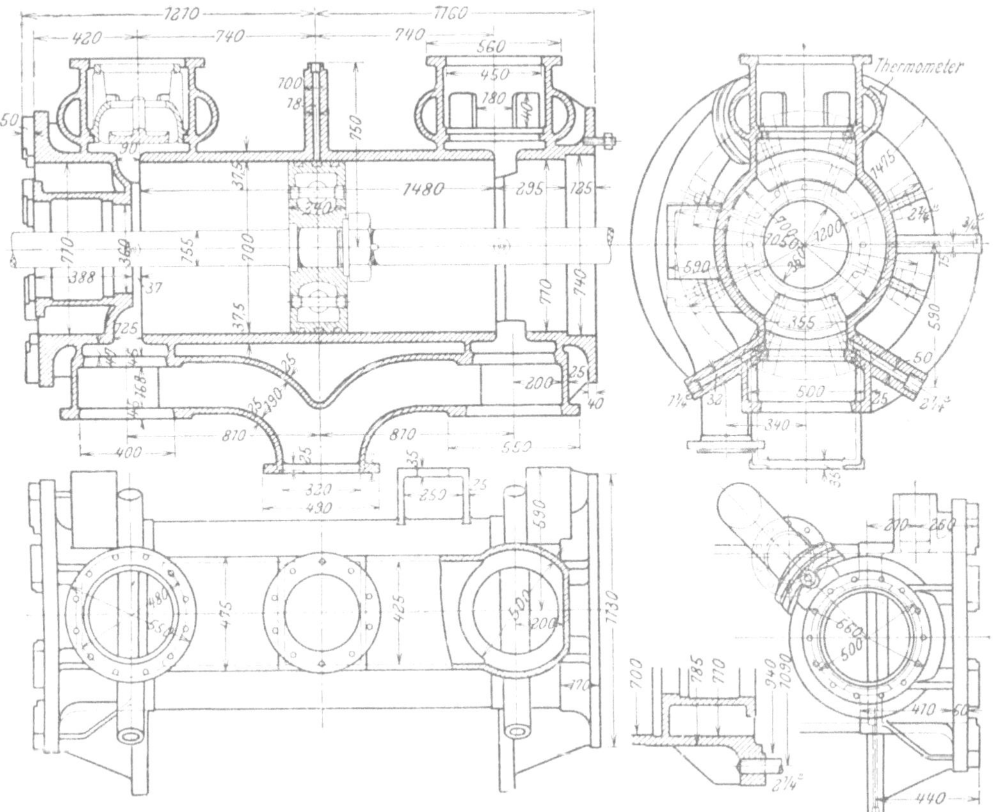

Fig. 19. Hochdruckzylinder.

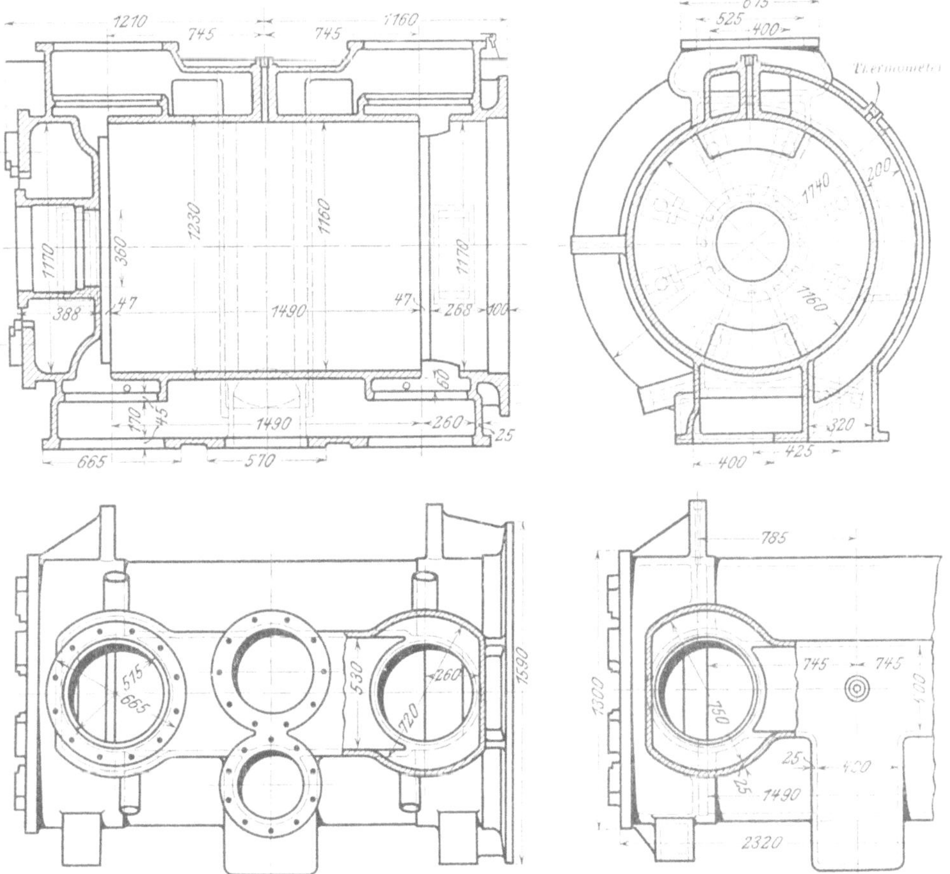

Fig. 20. Niederdruckzylinder.

druckzylinder, Fig. 19, durch angeschraubte schmiedeiserne Rohre, bei dem Niederdruckzylinder, Fig. 20, durch ein gußeisernes Hosenrohr. Beide Zylinder arbeiten mit einer der Lentz-Steuerung ähnlichen Ventilsteuerung. Die Regulierung des Hochdrucks erfolgt durch einen zwischen den Steuerexzentern angeordneten Pendel-Flachregler mit Trägheitsring.

Versuchseinrichtungen.

Das Speisewasser für den Kessel wurde der Warmwasserleitung von der Luftpumpe zum Kühlwerk entnommen und durch Wägung bestimmt. Die als Speisepumpe dienende Maschinenpumpe war dauernd in Betrieb, während die Speisewassermenge durch Umlaufleitung vom Heizerstande aus geregelt wurde. Die Leistung der Dampfmaschine wurde mit 4 Indikatoren aufgenommen. Die Dampftemperaturen wurden an den Ein- und Austrittstutzen des Frischdampfes

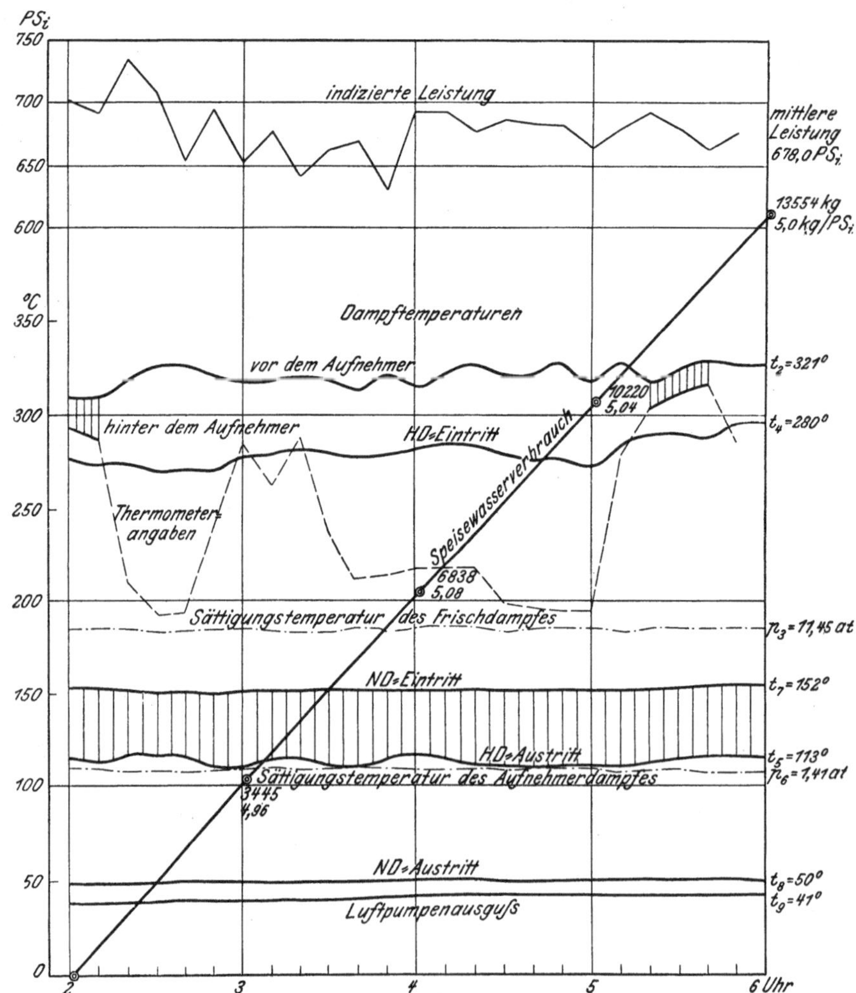

Fig. 21. Normale Frischdampftemperatur. Versuch 5. Schieber *S* am Zwischenüberhitzer offen. Heizung durch ruhenden Dampf. Niedere Zwischenüberhitzung.

und Aufnehmerdampfes am Zwischenüberhitzer, sowie am Ein- und Austritt aus Hochdruck- und Niederdruckzylinder und am Luftpumpenausguß beobachtet. Sämtliche Thermometerangaben wurden durch Vergleich mit einem von der

Technischen Reichsanstalt geeichten Thermometer berichtigt. Die für die Wärmeübertragung am Aufnehmer maßgebenden Temperaturunterschiede konnten außerdem bei den meisten Versuchen unmittelbar durch Vertauschen der Thermometer an den Ein- und Austrittstutzen festgestellt werden, da der Beharrungszustand nur geringen Schwankungen unterworfen war.

Es fanden folgende Versuche statt: 1) Vergleichsversuche mit und ohne Zwischenüberhitzung bei gleichen normalen Frischdampftemperaturen vor dem Hauptabsperrventil (1 bis 8). 2) Versuche mit Zwischenüberhitzung bei sehr hoher Frischdampftemperatur vor dem Aufnehmer (9 bis 11).

Versuchsbeobachtungen[1]) (Zahlentafel 1).

Versuch 1 erfolgte vor Einbau des Zwischenüberhitzers, dessen Stelle ein einfaches Ueberströmrohr vertrat. Versuche 2 bis 11 nach Einbau des Zwischen-

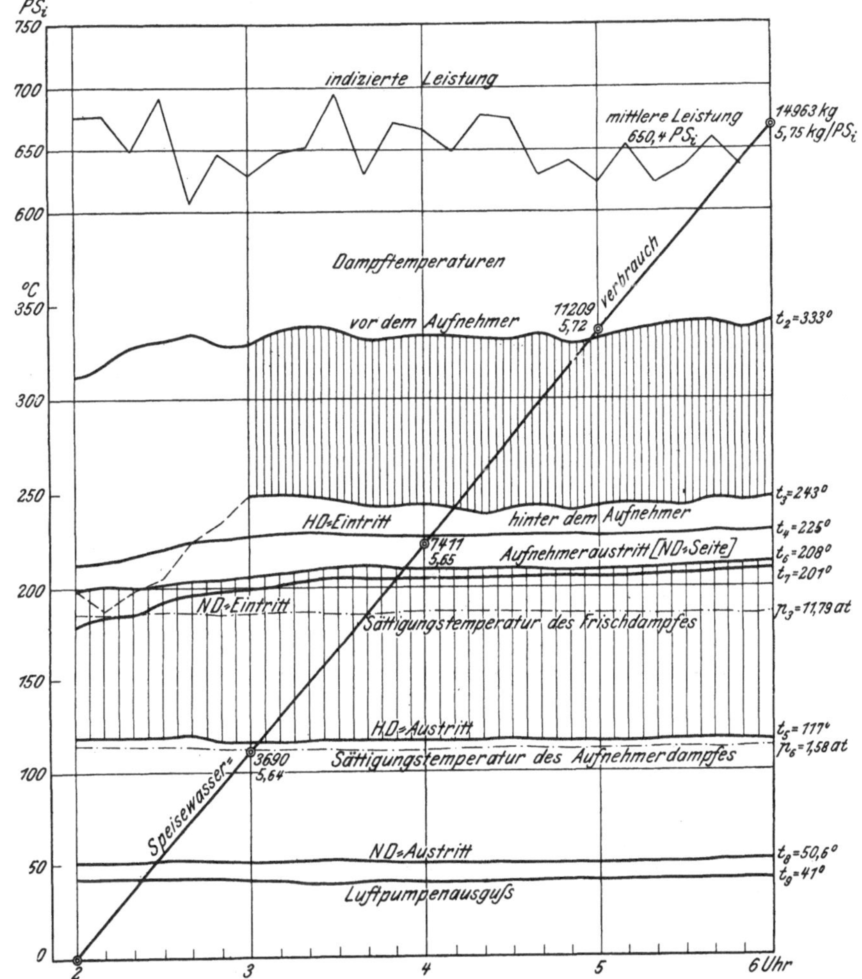

Fig. 22. Normale Frischdampftemperatur. Versuch 7. Schieber *S* geschlossen. Heizung durch stark strömenden Dampf. Größte Zwischenüberhitzung.

---

[1]) An den im Auftrage des Herrn Geheimrat Gutermuth ausgeführten Versuchen nahmen von der Firma Gebr. Stork Herr Ingenieur Avarès und in Vertretung des Herrn W. Schmidt in Wilhelmshöhe Herr Oberingenieur P. Thomsen teil.

Zahlentafel 1. Liegende Verbundmaschine von Gebr. Stork.

	ohne	mit Zwischenüberhitzung									
		überhitzter Dampf $t \infty 330^0$								überhitzter Dampf $t \infty 390^0$		
		Frischdampfspannung 11,5 at abs.						8,5 at	11,8 at abs.		
Versuchsnummer	1	2	3	4	5	6	7	8	9	10	11
Einstellung des Schiebers S am Zwischenüberhitzer		offen	offen	offen, Ventil a abgesperrt	offen	$^7/_{10}$ geschlossen	geschlossen	$^7/_{10}$ geschlossen	offen	offen	$^7/_{10}$ geschlossen
Versuchstag 1905	2. 9. V.	4. 9. N.	5. 9. V.	8. 9. N.	5. 9. N.	6. 9. V.	6. 9. N.	9. 9. V.	8. 9. V.	7. 9. N.	7. 9. V.
Versuchsdauer . . . . . st u. min	4 0	2 43	2 0	3 45	4 0	3 30	4 0	3 30	3 40	3 30	3 40
Barometerstand . . . . at abs.	1,027	1,029	1,029	1,030	1,031	1,026	1,026	1,030	1,028	1,022	1,022
Dampfspannungen:											
am Aufnehmer HD-Seite » »	11,47	11,08	11,63	11,63	11,45	11,73	11,79	8,53	11,83	11,82	11,82
am Aufnehmer ND-Seite » »	1,452	1,364	1,504	1,263	1,445	1,406	1,611	1,339	1,333	1,332	1,459
niedrigste Spannung im ND-Zyl. » »	0,193	0,174	0,174	0,166	0,186	0,185	0,180	0,165	0,167	0,168	0,165
im Kondensator . . . . » »	0,115	0,110	0,110	0,100	0,121	0,120	0,124	0,100	0,098	0,107	0,107
Endexpansionsspannung ND. . » »	0,476	0,458	0,441	0,445	0,497	0,467	0,503	0,450	0,434	0,422	0,439
Dampftemperaturen:											
vor Hauptabsperrventil . . . . °C	(330)	(335)	333	337	321	327	334	352	389	384	387
hinter Aufnehmer . . . . . . »			315	313	(300)	296	243	309	377	365	350
am Einlaßventil HD. . . . . »	319	299	300	293	280	269	225	(290)	356	343	322
am Auslaßstutzen HD. . . . . »			123	121	113	116	117	129	155	149	148
am Austritt aus Aufnehmer. . . »			(163)	169	(162)	178	207	179	180	178	194
vor Eintritt ND. . . . . . . »	115	156	156	156	152	160	201	171	173	170	188
am Auslaßstutzen ND. . . . . »		48,6	50	46,4	50	50	50,6	46	46,5	48	48
Ueberhitzung:											
vor Hauptabsperrventil . . . . »	145	152	147	151	135	141	147	180	203	198	201
Eintritt HD. . . . . »	134	118	114	112	94	83	39	116	170	157	136
Eintritt ND. . . . . »		50	45	51	43	52	89	60	66	63	79
minutl. Umdrehungen	76,3	72,1	72,3	71,4	71,8	71,9	71,2	70,9	71,8	71,5	71,6
Leistung: im HD-Zylinder . . . PSi	449 = 59,7 vH	397 = 57 vH	406,1 = 56,5 vH	356,5 = 55 vH	372 = 55 vH	375,1 = 56,1 vH	301,0 = 46,2 vH	377,6 = 54,5 vH	393,0 = 58 vH	383,6 = 57,7 vH	371,2 = 54,7 vH
im ND-Zylinder . . . »	304 = 40,3 vH	300 = 43 vH	312,4 = 43,5 vH	292,8 = 45 vH	306 = 45 vH	294,3 = 43,9 vH	349,4 = 53,8 vH	311,1 = 45,5 vH	284,3 = 42 vH	280,9 = 42,3 vH	307,1 = 45,3 vH
Gesamtleistung. . . . »	753,0	697,0	718,5	649,3	678,0	669,4	650,4	688,7	677,3	664,5	678,3
Gesamtdampfverbrauch:											
in der Stunde . . . . . . kg	3492,0	3245,0	3329,0	3201,6	3388,5	3249,5	3351,2	3740,7	3003,0	2953,0	3020,0
f. 1 PSi-st u. Gesamtleistung . . »	4,64	4,66	4,64	4,93	5,00	5,00	5,75	4,72	4,435	4,443	4,46
f. 1 PSi-st u. ND-Leistung allein »	11,506	10,816	10,40	10,73	10,87	10,82	10,37	10,338	10,434	10,513	9,79
Wärmeverbrauch für die PSi-st und Gesamtleistung . . . . . . WE	3469	3481	3461	3688	3695	3720	4285	3573	3437	3434	3452
Frischdampfkondensat im Aufnehmer vH			2,4	1,86	1,8	2,0	1,0	1,0	1,22	0,0	0,42
Gütegrade: Gesamt . . . . . »	69,2	68,2	68,2	62,7	66,1	65,6	55,9	67,4	65,4	66,4	66,1
für HD-Zylinder allein »	79,0	75,0	76,0	66,4	73,4	74,0	59,1	80,6	71,7	72,0	73,0
für ND-Zylinder allein »	73,2	72,9	73,4	73,8	73,6	73,1	67,5	73,7	73,6	73,3	73,5

überhitzers zerfallen in zwei Hauptgruppen: Versuche 2 bis 8 mit einer Frischdampftemperatur vor dem Aufnehmer von rd. 330⁰, und Versuche 9 bis 11 mit einer solchen von 390⁰. Im einzelnen unterscheiden sich die Versuche nach der Wärmeübertragung am Zwischenüberhitzer, welche durch Einstellen des Schiebers S, Fig. 18, verändert wurde. Die Versuche sind nach steigender Wärmeaufnahme des Niederdruckdampfes geordnet.

Um einen Einblick in den bei den Beobachtungen vorliegenden Beharrungszustand zu ermöglichen, wurde für zwei Versuche jeder Hauptgruppe der Verlauf der Einzelbeobachtungen in den Figuren 21 bis 24 aufgezeichnet. Die stündlich erfolgenden Einzelabschlüsse ergaben bei sämtlichen Versuchen bemerkenswert gute Uebereinstimmung mit den Endabschlüssen infolge der

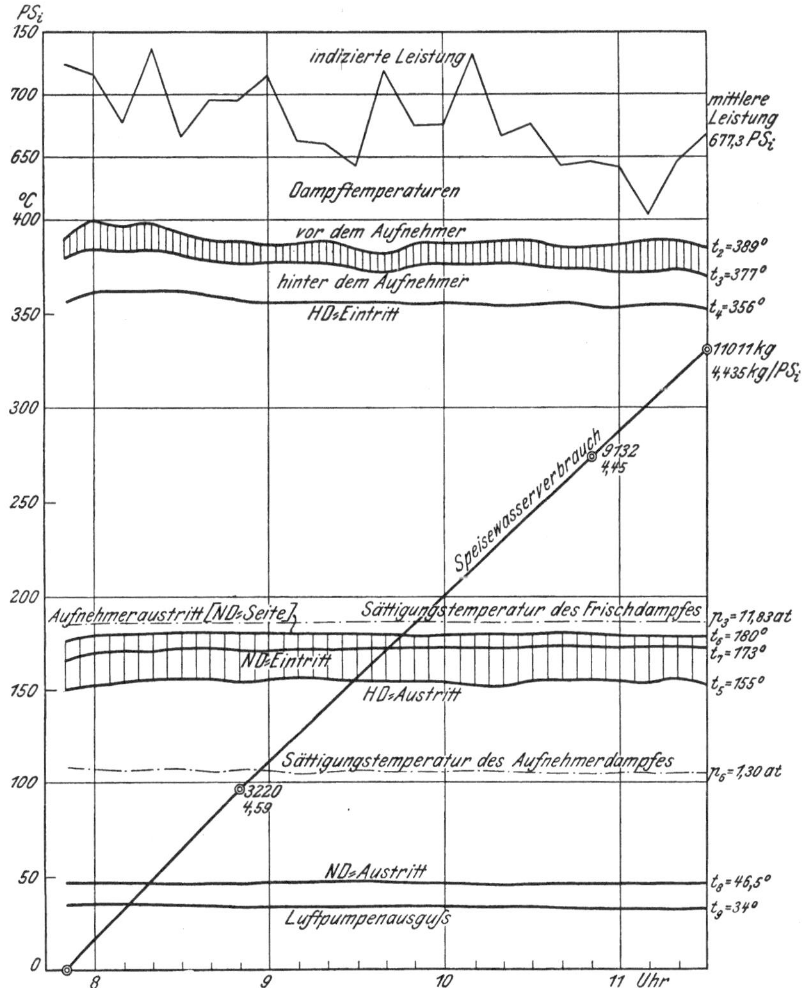

Fig. 23. Hohe Frischdampftemperatur. Versuch 9. Schieber S offen. Aufnehmerheizung durch ruhenden Dampf. Normale, geringe Zwischenüberhitzung.

geringen Aenderungen des Beharrungszustandes und des Umstandes, daß mit einem Kessel gearbeitet wurde, und daß die Meßeinrichtungen rasche und genaue Abschlüsse zuließen. Die durch die Rücksicht auf den Maschinenbetrieb gebotene Beschränkung der Versuchsdauer auf $3\,^{1}/_{2}$ bis 4 Stunden erwies sich daher als vollkommen ausreichend zur Erzielung genauer Ergebnisse.

2*

Es sei hervorgehoben, daß sämtliche Versuche während des gewöhnlichen Maschinenbetriebes und in Zusammenhang mit dem damaligen Kraftbedarf der Spinnerei mit kleinerer als normaler Belastung durchgeführt werden mußten. Die Abhängigkeit von dem wechselnden Bedarf des Spinnereibetriebes hatte zur Folge, daß der Versuch ohne Zwischenüberhitzung mit etwas größerer Gesamtbelastung (753 PS) stattfand, als die Versuche mit Zwischenüberhitzung (650 bis 718 PS).

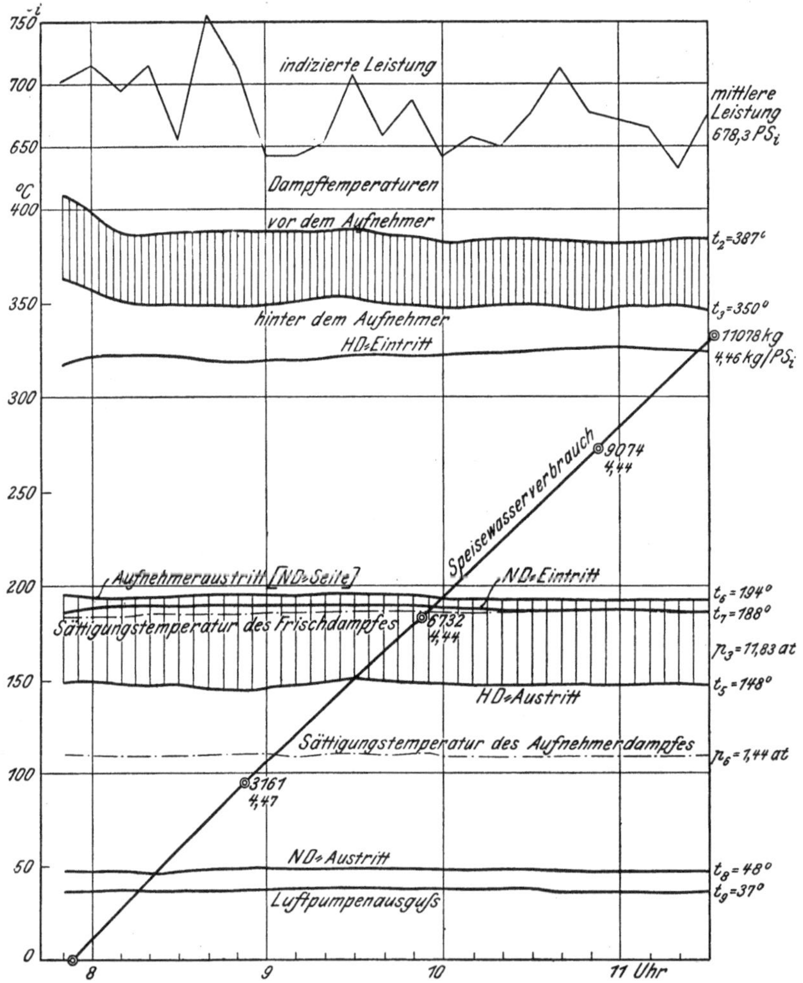

Fig. 24. Hohe Frischdampftemperatur. Versuch 11. Schieber *S* teilweise geschlossen. Heizung durch strömenden Dampf. Höhere Zwischenüberhitzung.

Zur Kennzeichnung der Arbeitsverteilung dienen die rankinisierten Indikatordiagramme Fig. 25 bis 28, sowie die zugehörigen Entropiediagramme Fig. 29 bis 31, welche sich auf Versuch 1 ohne und Versuch 5 mit Zwischenüberhitzung beziehen. In sämtlichen Diagrammen wurden die dem beobachteten Dampfzustand vor Hoch- bezw. Niederdruckzylinder entsprechenden Expansions- und Kompressionsadiabaten eingetragen, welche die Arbeitsflächen des Prozesses der theoretisch vollkommenen Maschine umschließen[1]), der durch getrennte Bezugnahme auf die Expansions- und Kompressionsdampfmenge jedes einzelnen

---

[1]) Vergl. S. 69.

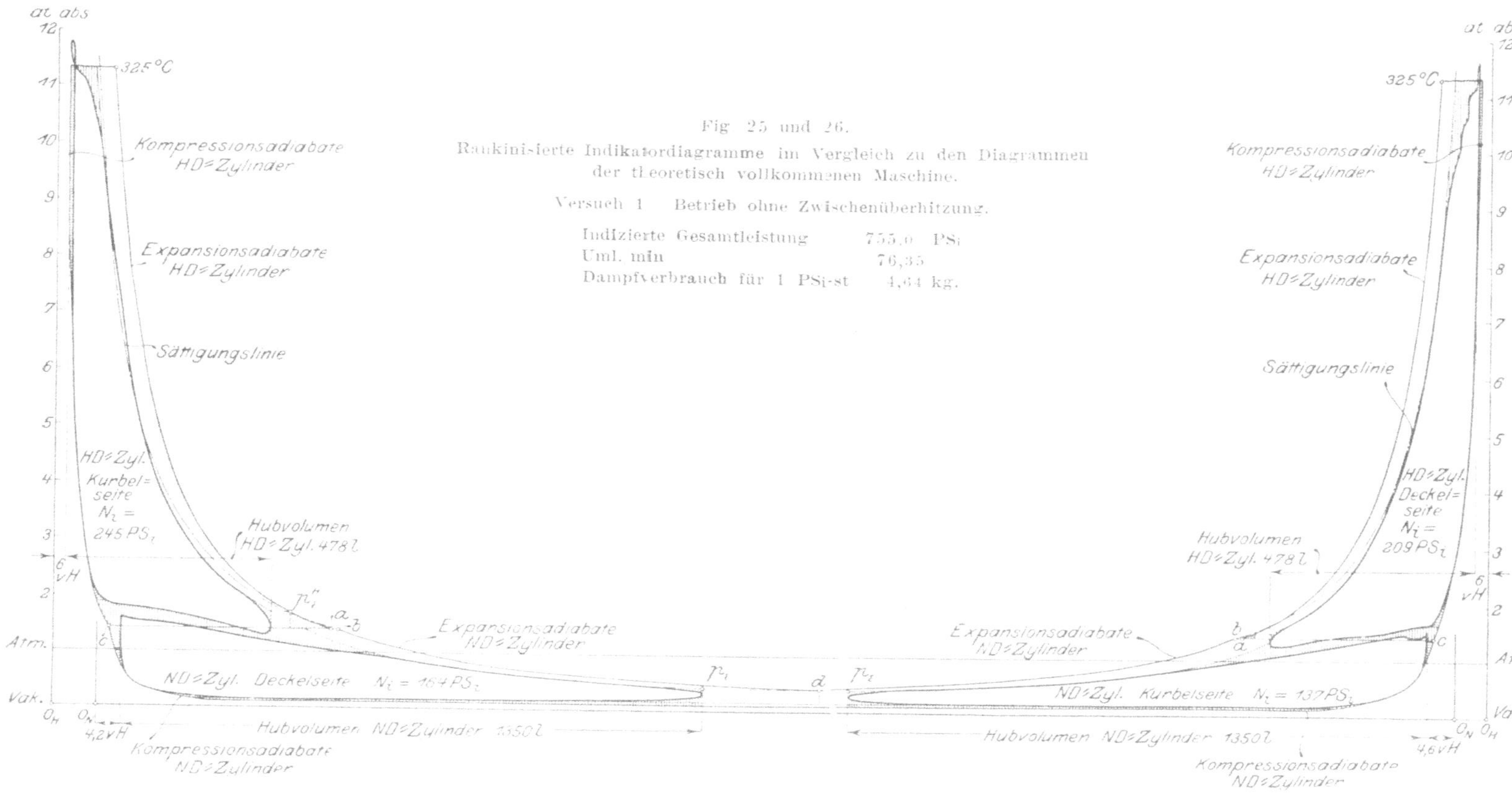

Fig 25 und 26.

Rankinisierte Indikatordiagramme im Vergleich zu den Diagrammen der theoretisch vollkommenen Maschine.

Versuch 1   Betrieb ohne Zwischenüberhitzung.

Indizierte Gesamtleistung   755,0 PSi
Uml. min   76,35
Dampfverbrauch für 1 PSi-st   4,64 kg.

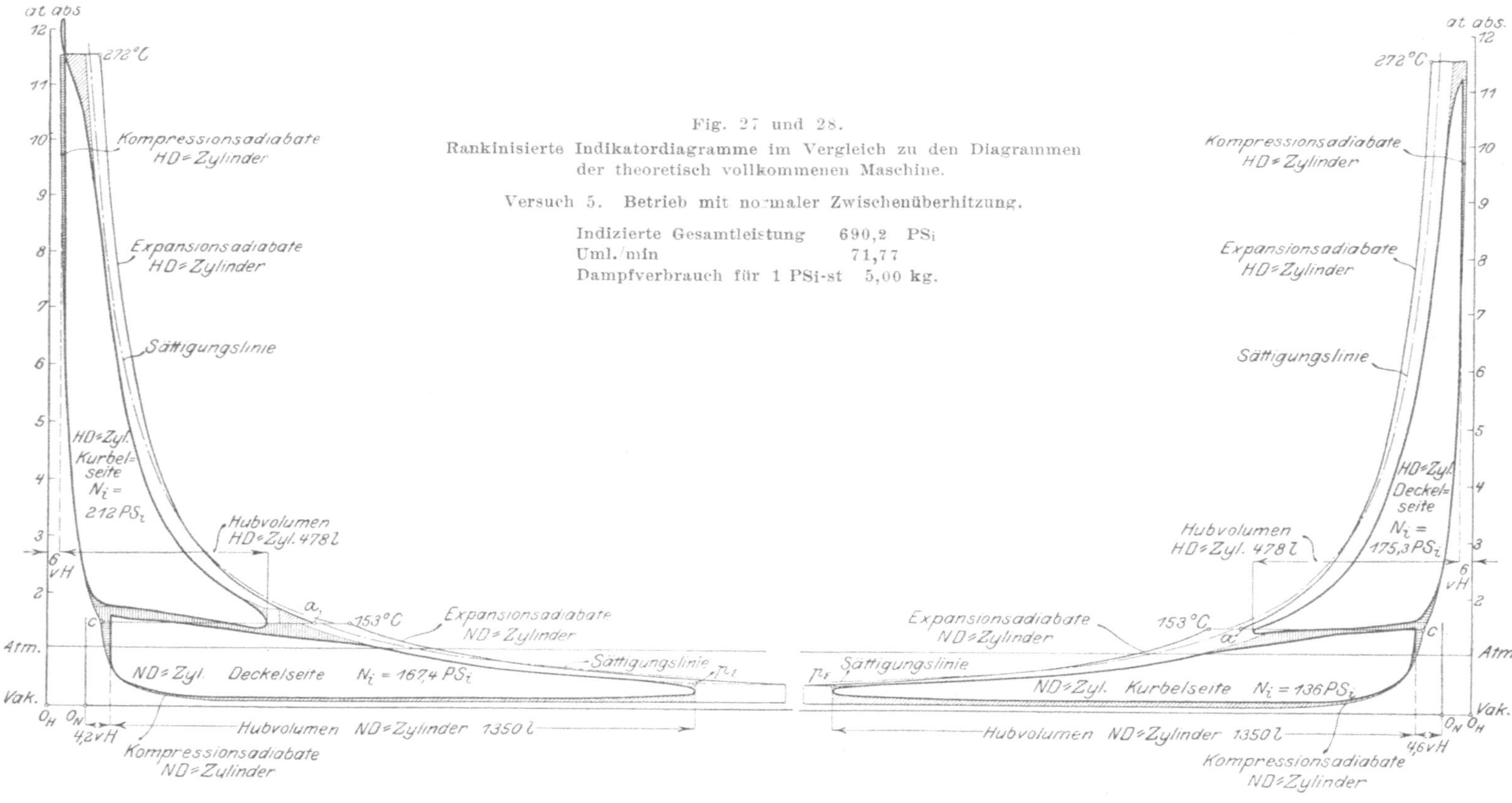

Fig. 27 und 28.

Rankinisierte Indikatordiagramme im Vergleich zu den Diagrammen
der theoretisch vollkommenen Maschine.

Versuch 5. Betrieb mit normaler Zwischenüberhitzung.

Indizierte Gesamtleistung   690,2 PS_i
Uml./min   71,77
Dampfverbrauch für 1 PSi-st 5,00 kg.

Zylinders ein anschauliches Bild der Verteilung der Wärmeverluste bietet. Zur Kennzeichnung der Dampfüberhitzung wurden außerdem die den Gesamtdampfmengen jedes einzelnen Zylinders entsprechenden Sättigungslinien eingetragen. Die Druckvolum- und Temperatur-Entropiediagramme wurden so übereinander

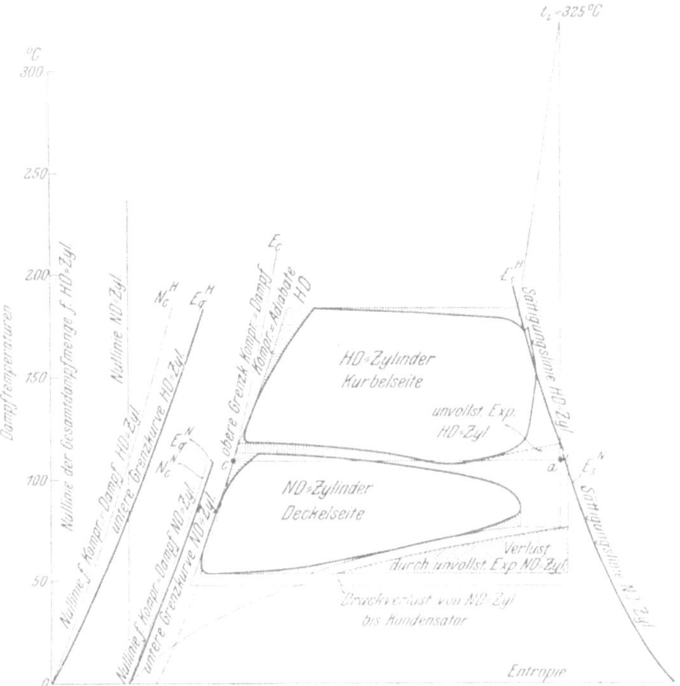

Fig. 29. Entropiediagramm zu Fig. 25.

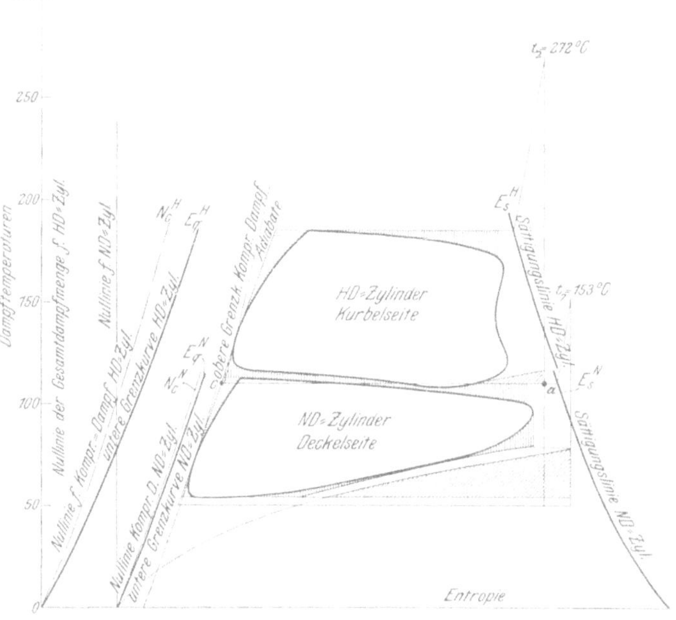

Fig. 30. Entropiediagramm zu Fig. 27.

gelegt, daß die Kompressionslinien sich auf der Höhe der Aufnehmerspannung in c schneiden, da in dieser gegenseitigen Lage der Diagramme die Veränderung der aus dem Hochdruckzylinder in den Niederdruckzylinder tretenden Dampfmengen unmittelbar ersichtlich wird. Bei dieser Darstellung fallen selbstverständlich die Ordinaten-Nullpunkte O_h und O_n in den Druckvolumdiagrammen beider Zylinder nicht mehr zusammen, sondern rücken soviel auseinander, wie dem auf die Aufnehmerspannung bezogenen Unterschied der Rauminhalte beider Kompressionsdampfmengen entspricht.

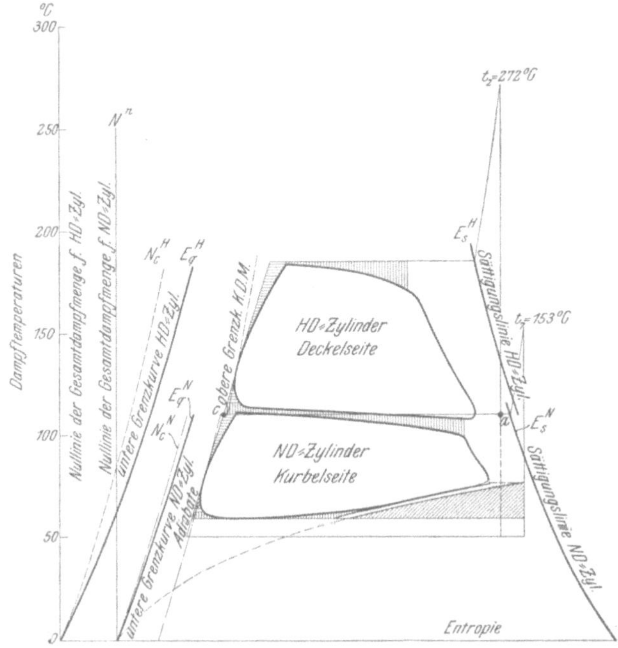

Fig. 31. Entropiediagramm zu Fig. 28.

Mit steigender Wärmeübertragung am Aufnehmer tritt in der Verteilung der Gesamtleistung auf Hoch- und Niederdruckzylinder eine Verschiebung in der Weise ein, daß die Leistung des Niederdruckzylinders zunimmt, die des Hochdruckzylinders sich vermindert. Diese durch die Erhöhung der Aufnehmerdampftemperatur auf Kosten geringerer Ueberhitzung des Hochdruckdampfes hervorgerufene Verschiebung ist so bedeutend, daß beispielsweise die mittlere Arbeit des Niederdruckzylinders bei den mit geringerer Gesamtleistung der Maschine ausgeführten Versuchen mit Zwischenüberhitzung annähernd dieselbe Größe behielt wie bei Betrieb ohne Zwischenüberhitzung.

Für die weitere Untersuchung ist es zweckmäßig, die Größe der Nutzarbeit im Hochdruck- und im Niederdruckzylinder und der Verluste im Verhältnis zur theoretischen Arbeitsfähigkeit des Dampfes zu kennen. Hierzu dient die Wärmebilanz, Zahlentafel 2, in der die Wärmeverteilung in Wärmeeinheiten für 1 kg Dampf und für die ausgenutzten Wärmebeträge auch in Prozenten der theoretischen Arbeitsleistung der ganzen Maschine und der einzelnen Zylinder angegeben ist. Die graphische Darstellung der Wärmebilanz in Abhängigkeit von der durch die Aufnehmerheizung erzielten Temperaturerhöhung, Fig. 32, gibt einen anschaulichen Ueberblick über den Einfluß der Wärmeübertragung am Aufnehmer auf die Gesamtleistung der Maschine und die (durch senkrechte

Zahlentafel 2.
Wärmebilanz der liegenden Verbundmaschine von Gebr. Stork.

Versuchsnummer [und Schieberstellung]	Versuch ohne Zwischen-überhitzung	Versuche mit Zwischenüberhitzung									
	1	2 [offen]	3 [offen]	4 [offen]	5 [offen]	6 [$^7/_{10}$ geschlossen]	7 [geschlossen]	8 [$^7/_{10}$ geschlossen]	9 [offen]	10 [offen]	11 [$^7/_{10}$ geschlossen]
Gesamte theoretische Arbeitsfähigkeit der vollkommenen Maschine . . . . WE	197,2	199,0	200,1	203,5	193,3	195,7	196,9	198,4	218,2	214,6	214,9
Aufwand für Zwischenüberhitzung . . »	3,1	8,4	12,9	12,8	12,8	16,9	25,9	20,0	11,2	11,3	17,3
—Arbeitzuwachs d. Zwischenüberhitzung »		—4,6	—4,1	—5,1	—5,0	—7,0	—10,9	—6,3	—3,1	—3,9	—6,9
Nutzarbeit im HD.-Zylinder . . . . »	**81,4**	**77,3**	**77,0**	**69,6**	**70,6**	**71,0**	**50,8**	**73,0**	**82,8**	**82,2**	**77,6**
Wärmeverlust im HD.-Zylinder . . . »	21,6	25,7	21,0	35,3	25,7	25,0	35,1	17,6	32,7	31,9	28,6
—Rückgewinn durch Vergrößerung d. ND.-Arbeit . . . . »	—0,1	—3,5	—3,2	—4,3	—3,5	—4,3	—6,5	—5,3	—5,3	—5,1	—5,3
Verlust von Aufnehmer bis Eintritt ND. »		1,0	1,0	1,7	0,4	2,0	2,2	0,8	1,2	1,2	1,1
Nutzarbeit im ND.-Zylinder . . . . »	**55,0**	**58,4**	**59,4**	**57,9**	**57,1**	**57,2**	**59,1**	**60,6**	**59,8**	**60,1**	**64,4**
Verlust durch unvollständige Expansion »	9,3	11,6	10,3	11,4	9,8	9,9	10,6	12,0	10,5	10,7	11,2
Wärmeverluste im ND.-Zylinder. . . »	10,9	10,1	10,3	10,2	10,6	11,2	17,8	9,7	11,0	11,2	12,1
Druckabfall von ND.-Zylinder bis Kondensator . . . . »	15,8	14,6	15,5	14,0	14,8	13,8	12,3	16,3	17,4	15,0	14,9
Gütegrade: Gesamt . . . . vH	69,2	68,2	68,2	62,7	66,1	65,6	55,9	67,4	65,4	66,4	66,1
für HD. Zylinder allein . . »	79,0	75,0	76,5	66,4	73,4	74,0	59,1	80,6	71,7	72,0	73,0
für ND.-Zylinder allein . . »	**73,2**	**72,9**	**73,4**	**73,8**	**73,6**	**73,1**	**67,5**	**73,7**	**73,6**	**73 3**	**73,5**

Schraffur hervorgehobene) Veränderung der Nutzleistung und der Wärmeverluste im Niederdruckzylinder.

Die Wärmevorgänge sind im Diagramm, von oben ausgehend, in der
Reihenfolge aneinander getragen, in der sie sich zeitlich abspielen. Eine vollkommen gesetzmäßige Lage der Beobachtungspunkte ist in der gewählten Abhängigkeit von der Temperaturzunahme im Aufnehmer naturgemäß nicht vorhanden, da in ihr die Einflüsse der Dampfspannung und Temperatur des in die
Maschine eintretenden Dampfes sowie der Belastung nicht zum Ausdruck ge-

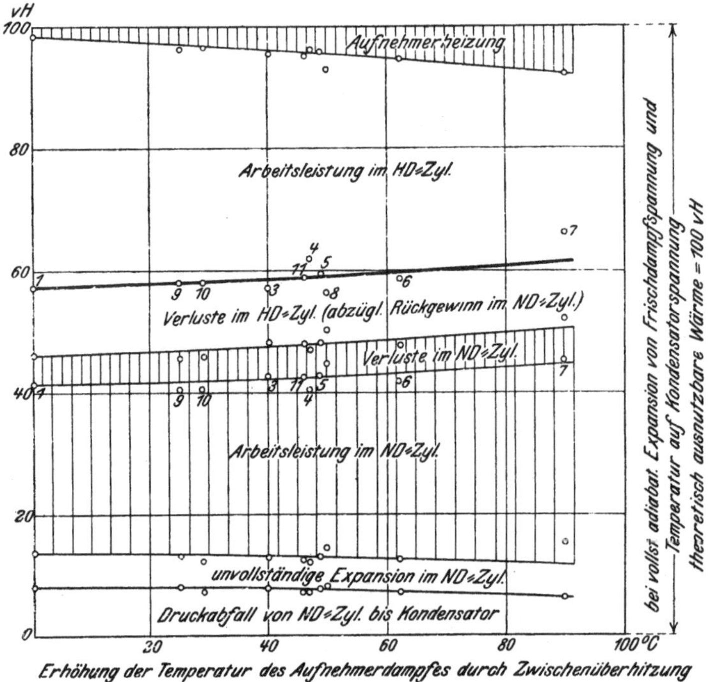

Fig. 32. Wärmeverteilung, bezogen auf die theoretisch vollkommene Maschine, in Abhängigkeit
von der Zwischenüberhitzung des Aufnehmerdampfes.

bracht werden können. Mit steigender Zwischenüberhitzung und damit zu-
sammenhängender Erhöhung der im Niederdruckzylinder ausgenutzten Wärmemenge nimmt der Wärmeverlust des Eintrittdampfes zu, die Wärmeausnutzung
im Hochdruckzylinder ab, entsprechend der aus Zahlentafel 1 ersichtlichen
Leistungsverteilung. Die Verluste durch unvollständige Expansion sowie die
durch Drosselung, Eintrittkondensation und Lässigkeit auftretenden Wärmeverluste des Niederdruckzylinders zeigen bei Zwischenüberhitzung keine
wesentliche Veränderung. Sie sind mit Ausnahme der erstgenannten infolge
kleineren Druckgefälles und geringeren Expansionsgrades im Niederdruckzylinder
bedeutend geringer als die entsprechenden Verluste im Hochdruckzylinder, obwohl von letzteren in Fig. 32 bereits die im Niederdruckzylinder noch ausnutzbaren Wärmemengen in Abzug gebracht wurden.

Dieser Unterschied in der Wärmeausnutzung beider Zylinder kommt auch
in den Diagrammen Fig. 25 bis 31 zum Ausdruck beim Vergleich der Verlustflächen, die sich aus den Abweichungen der tatsächlichen Expansionslinien von
den Expansionsadiabaten der Gesamtdampfmengen ergeben. Die bei den Versuchen mit Zwischenüberhitzung beobachtete Abnahme der Hubleistung des
Hochdruckzylinders hat eine Vergrößerung der durch Temperaturabfall, Eintritt-

kondensation und Lässigkeit herbeigeführten Wärmeverluste im Zylinder zur
Folge, die sowohl beim Vergleich der Entropiedigramme Fig. 29 bis 31, wie
dem der Expansionslinien in den Druckvolumdiagrammen Fig. 25 bis 28 ersichtlich wird.

Den bedeutenden Einfluß, den die Abnahme der Belastung auf die Wärmeausnutzung
im Hochdruckzylinder ausübt, zeigt auch die Gütegradkurve Fig. 33, bezogen auf die theoretische Arbeitsfähigkeit des Hochdruckdampfes innerhalb der Druck- und Temperaturgrenzen

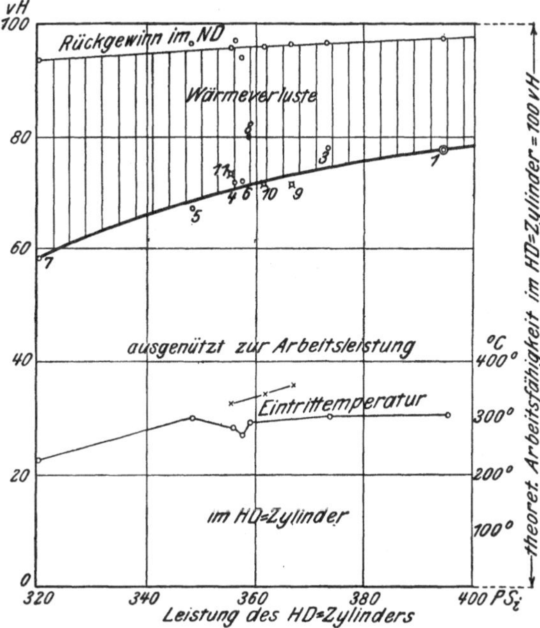

Fig. 33. Abhängigkeit der Wärmeausnutzung im HD. Zylinder von der Belastung.

des Hochdruckdampfes in Zuleitung und Aufnehmer. Sie läßt mit sinkender Belastung eine
Zunahme der Wärmeverluste im Zylinder erkennen, welche teilweise auf der Zunahme der
Wechselwirkung zwischen Dampf und Wand, zum Teil auf Undichtheiten beruht. Die
durch verschiedene Höhe der Dampfeintrittemperaturen veranlaßten Aenderungen in der
Wärmeausnutzung können infolge der gleichzeitig auftretenden Lässigkeitsverluste nicht im
einzelnen verfolgt werden. Größere Undichtheiten, die auch in den Diagrammen ersichtlich
wurden, traten besonders bei den später ausgeführten Versuchen auf, während die Ventile
anfänglich infolge des den Versuchen vorausgehenden monatelangen gleichmäßigen Betriebs
vollständige Dichtheit aufwiesen. Diese Verschlechterung kann nur auf die häufigen Aenderungen der Betriebsbedingungen in den Versuchstagen, insbesondere auf den starken Wechsel
der Eintrittemperaturen zurückgeführt werden, durch welche wahrscheinlich ein Verziehen
der Ventile oder Ventilsitze herbeigeführt wurde. An die Hauptversuche angeschlossene Versuche bei stillgesetzter Maschine zeigten allerdings, daß diese Lässigkeitsverluste doch keine
sehr bedeutende Größe besaßen. So betrug beispielsweise am Einlaßventil, Hochdruckdeckelseite, für welche nach dem Vergleich der Expansionslinien in Fig. 30 und 31 die größten
Undichtheiten zu erwarten waren, die nachgewiesene Durchlässigkeit bei stillgesetzter Maschine
nur 2 vH des Gesamtdampfverbrauchs, eine Größe, die bei arbeitender Maschine wegen des
geringeren Druckgefälles noch unterschritten werden dürfte. Beachtenswert ist die durch
Versuche festgestellte Abhängigkeit der Lässigkeitsverluste von dem Dampfdruck über dem
Ventil, Fig. 34, die auch in den Hauptversuchen bestätigt wurde durch die sehr günstige
Wärmeausnutzung im Hochdruckzylinder in Versuch 8 bei Verminderung des Eintrittdruckes
von 11,5 auf 8,5 at und entsprechende Vergrößerung der Füllung (s. Punkt 8 in Fig. 33
und Zahlentafel 2).

Wegen der aus Fig. 33 sowie aus Zahlentafel 2 ersichtlichen starken Veränderlichkeit der Gütegrade im Hochdruckzylinder läßt sich die Bedeutung der Zwischenüberhitzung für den gesamten Dampfverbrauch erst deutlich beurteilen, wenn ihr Einfluß auf den Niederdruckzylinder allein festgestellt wird im Zusammenhang mit den Verlusten am Zwischenüberhitzer.

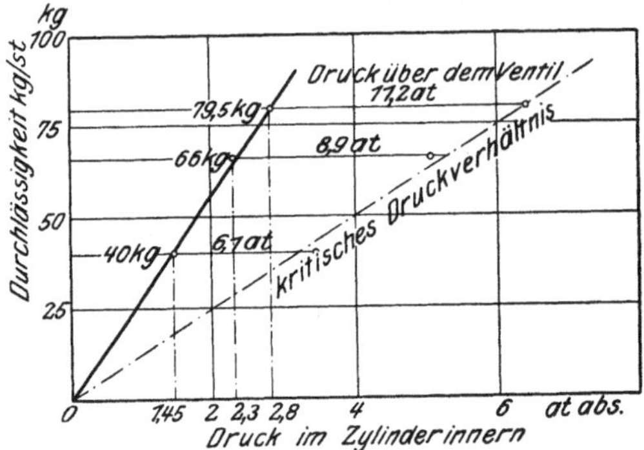

Fig. 34. Lässigkeitsverluste am Einlaßventil HD.-Deckelseite bei stillgesetzter Maschine und bei verschiedenen Dampfdrücken über dem Ventil.

Es wurden daher in Zahlentafel 1 außer den auf die Gesamtleistung bezogenen Dampf- und Wärmeverbrauchziffern für die PS$_i$-Stunde auch die auf die Niederdruckleistung allein bezogenen Dampfverbrauchziffern angegeben, wobei für letztere nur der Teil der Gesamtdampfmenge in Rechnung gestellt wurde, welcher im Niederdruckzylinder wirklich zur Arbeit gelangte. Die Abnahme des Dampfverbrauchs im Niederdruckzylinder bei zunehmender Eintrittüberhitzung kommt (in Rücksicht auf kleinere Unterschiede in der Aufnehmer-

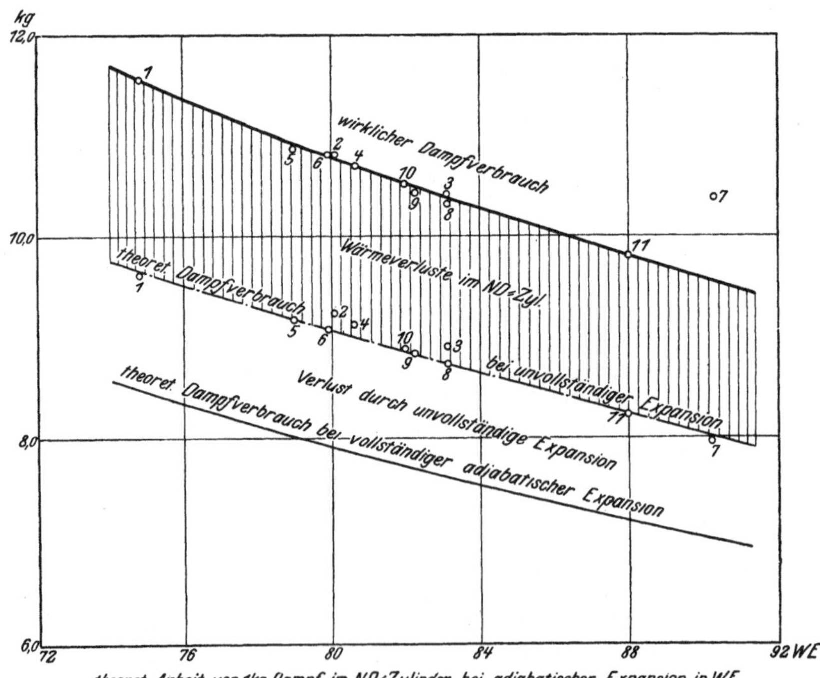

Fig. 35. Auf die Niederdruckleistung allein bezogener Dampfverbrauch in Abhängigkeit von der theoretisch im ND.-Zylinder ausnutzbaren Wärme.

und Austrittspannung) am deutlichsten unter Bezugnahme auf die theoretische Arbeitsfähigkeit der in den Druck- und Temperaturgrenzen des Niederdruckzylinders arbeitenden vollkommenen Maschine zum Ausdruck, Fig. 35. Die Kurve des wirklichen Dampfverbrauchs entspricht dem gesetzmäßigen Verlaufe nach ziemlich genau den in Fig. 35 ebenfalls eingetragenen theoretischen Dampfverbrauchkurven bei vollständiger und unvollständiger adiabatischer Expansion. Diese Uebereinstimmung ist auf den fast unveränderlichen Gütegrad zurückzuführen, der sich nach Fig. 36 infolge entgegengesetzer Veränderlichkeit der Verluste im Zylinderinnern und der Verluste durch unvollständige

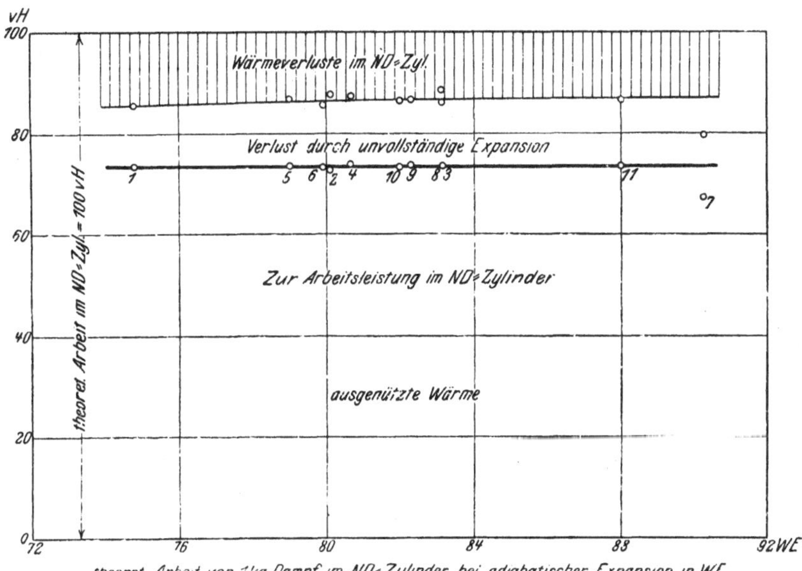

Fig. 36. Abhängigkeit des Gütegrades des ND.-Zylinders von der theoretisch ausnutzbaren Wärme.

Expansion einstellt. Die Zunahme des letzteren bei ungefähr gleichbleibender Leistung und Endexpansionspannung ist auf die Erhöhung des Wärmewertes des austretenden Dampfes durch die Zwischenüberhitzung zurückzuführen. Steigende Zwischenüberhitzung ändert somit den Gütegrad des Niederdruckzylinders nicht, indem ihr Einfluß nur der theoretischen Ersparnis entspricht und somit wesentlich geringer ist als der Einfluß der Frischdampfüberhitzung auf die Wärmeausnutzung im Hochdruckzylinder.

Diese Feststellung steht scheinbar in Widerspruch mit den S. 10 mitgeteilten Versuchen von Prof. Dörfel, Fig. 13 bis 14, an einer Niederdruck-Corlissmaschine, bei denen mit zunehmender Zwischenüberhitzung eine Zunahme des Gütegrades um etwa 2,5 vH bei 50° Temperaturzunahme beobachtet wurde. Das abweichende Ergebnis findet aber seine Erklärung in der Verschiedenheit der Leistung und der Höhe des Gütegrades beider Versuchmaschinen. Die von Prof. Dörfel untersuchte Niederdruckdampfmaschine hatte nur eine Leistung von 40 PS und besaß in den gleichen Temperaturgrenzen Gütegrade, welche zwischen 46 und 50 vH liegen, gegenüber einem Gütegrad von **73,5 vH** der mit einer Leistung von 300 PS im Niederdruckzylinder arbeitenden Großdampfmaschine. Die Wärmeverluste der letzteren betrugen bei Sattdampfbetrieb nur 15 vH gegenüber 34 vH bei der kleinen Einzylindermaschine. Bei den großen Wärmeverlusten des Sattdampfbetriebes der kleineren Maschine ist eine starke

Beeinflussung des Gütegrades durch die Ueberhitzung selbstverständlich. Aus dieser Gegenüberstellung wird ersichtlich, daß Versuche an kleinen Maschinen zu geradezu irreführenden Feststellungen über die Wirtschaftlichkeit der Zwischenüberhitzung an großen Maschinen führen.

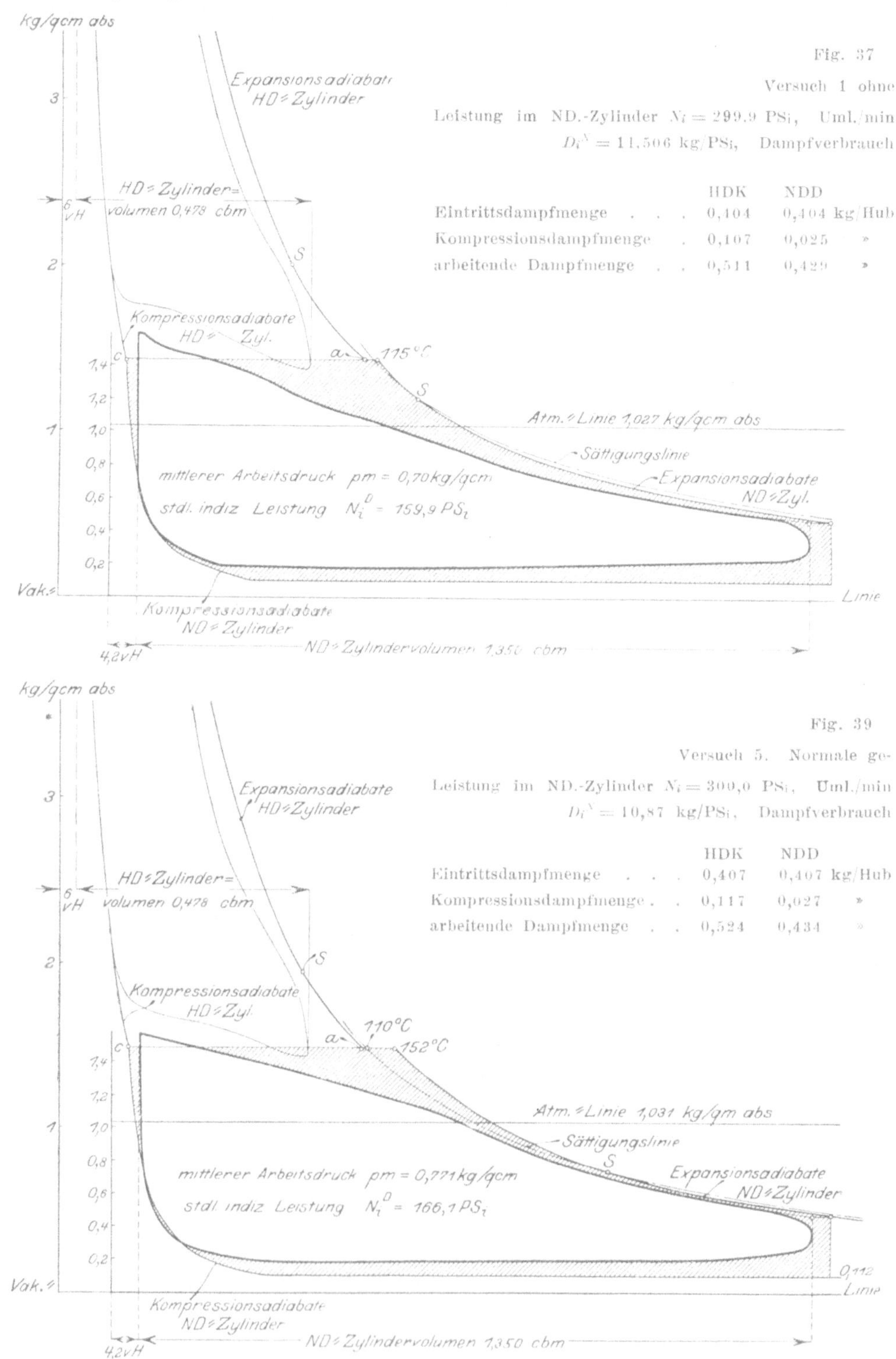

Fig. 37

Versuch 1 ohne

Leistung im ND.-Zylinder $N_i = 299,9$ PS$_i$,   Uml./min

$D_i^N = 11,506$ kg/PS$_i$,   Dampfverbrauch

	HDK	NDD
Eintrittsdampfmenge . . .	0,404	0,404 kg/Hub
Kompressionsdampfmenge .	0,107	0,025 »
arbeitende Dampfmenge . .	0,511	0,429 »

Fig. 39

Versuch 5. Normale ge-

Leistung im ND.-Zylinder $N_i = 300,0$ PS$_i$,   Uml./min

$D_i^N = 10,87$ kg/PS$_i$,   Dampfverbrauch

	HDK	NDD
Eintrittsdampfmenge . . .	0,407	0,407 kg/Hub
Kompressionsdampfmenge . .	0,117	0,027 »
arbeitende Dampfmenge . .	0,524	0,434 »

In den Indikatordiagrammen Fig. 37 bis 42 kommt der Einfluß der Ueberhitzung im Verlauf der Expansionslinien deutlich zum Ausdruck. Die Diagramme beziehen sich auf Versuche mit mittlerer und hoher Zwischenüberhitzung sowie auf den Betrieb vor Einbau des Zwischenüberhitzers.

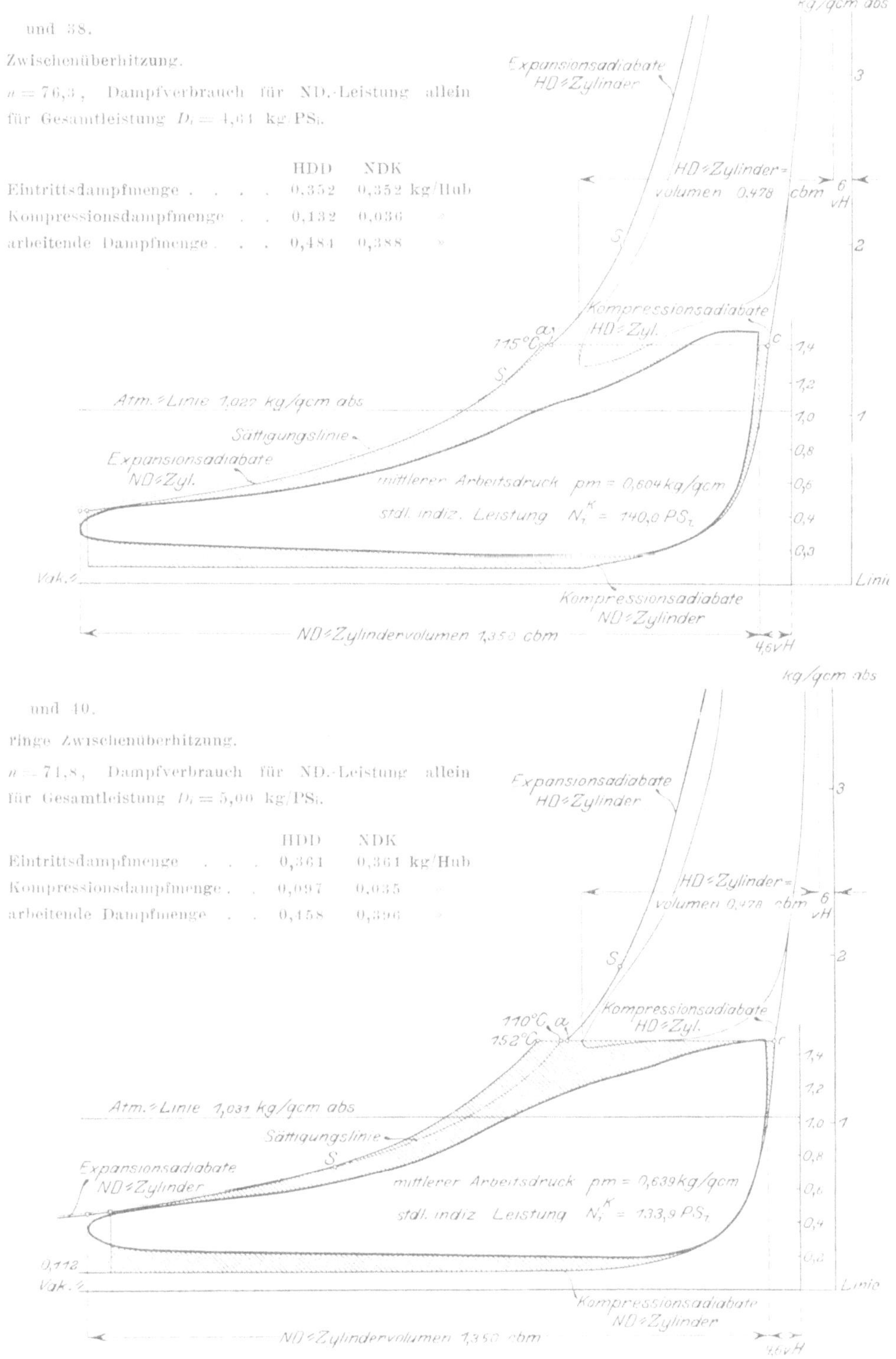

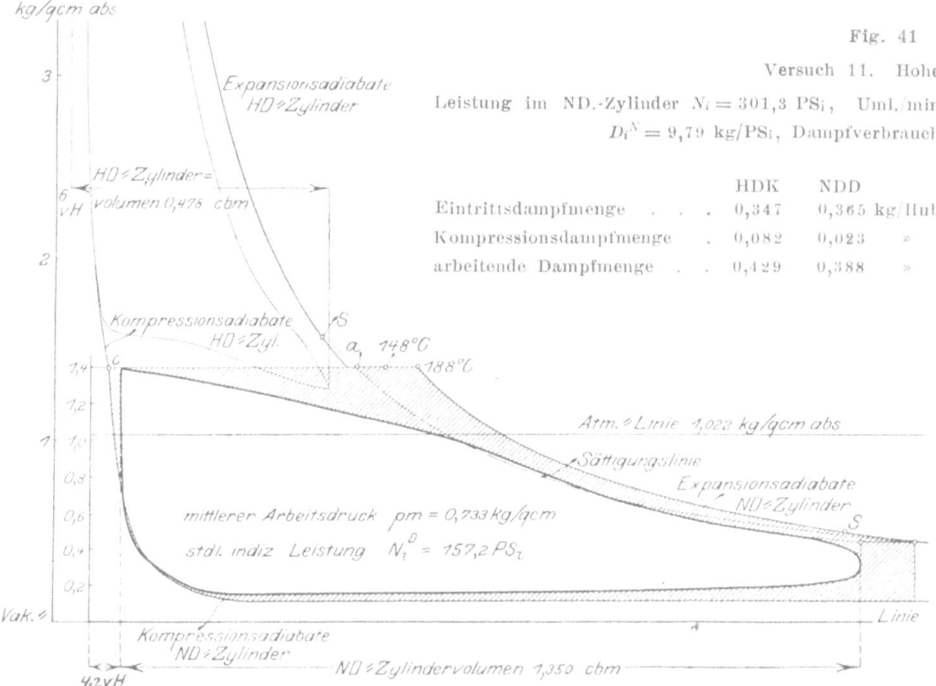

Fig. 41

Versuch 11. Hohe Leistung im ND.-Zylinder $N_i = 301,3\ PS_i$, Uml./min $D_i^N = 9,79\ kg/PS_i$, Dampfverbrauch

	HDK	NDD
Eintrittsdampfmenge . . .	0,347	0,365 kg/Hub
Kompressionsdampfmenge .	0,082	0,023 »
arbeitende Dampfmenge . .	0,429	0,388 »

Da es für die vorliegenden Versuche auf die Veranschaulichung der durch die Zwischenüberhitzung veränderten Dampfwirkung ankommt, wurden die Niederdruckdiagramme in großem Druckmaßstab gezeichnet und die Hochdruckdiagramme nicht in voller Höhe (bis 11 at), sondern nur für den unteren Teil der Expansions- und Kompressionslinien wiedergegeben, deren Verlauf im Zusammenhang mit den Ueberströmlinien der Hoch- und Niederduckdiagramme für die Beurteilung der Volumenänderungen durch Zwischenüberhitzung von Bedeutung ist. Zur Kennzeichnung der Verteilung der Wärmeverluste wurde ähnlich wie in den Fig. 25 bis 28 der theoretische Arbeitsvorgang mit adiabatischer Expansion und Kompression in den Hoch- und Niederdruckdiagrammen so eingezeichnet, daß für ihn außer der Eintrittdampfmenge auch die Kompressions- und Gesamtdampfmenge mit den entsprechenden Werten des wirklichen Arbeitsvorganges übereinstimmt. Hochdruck- und Niederdruckdiagramme wurden, wie in diesen Figuren, so übereinander gelegt, daß der Anfangspunkt der theoretischen Kompressionsadiabate im Niederdruckzylinder mit dem Endpunkt der entsprechenden Adiabate des Hochdruckzylinders in c auf der Linie der mittleren Aufnehmerspannung zusammenfällt. Diese Zusammenlegung ermöglicht, das theoretische Endvolumen a der Hochdruckadiabate mit dem aus dem Hochdruckzylinder austretenden Dampfvolumen (dessen Größe durch Eintragung der beobachteten Austrittemperatur hervorgehoben wurde) sowie mit dem durch die Zwischenüberhitzung vergrößerten Eintrittdampfvolumen im Niederdruckzylinder zu vergleichen.

In Versuch 1 und 5, Fig. 37 bis 40, arbeiten die Kurbelseite des Hochdruckzylinders und die Deckelseite des Niederdruckzylinders zusammen, während in Versuch 11, Fig. 41 bis 42, infolge etwas veränderter Steuerungseinstellung noch Dampf von der Hochdruckdeckelseite überströmt. Daher stimmen bei letzterem die Eintrittdampfmengen beider Zylinder nicht vollkommen überein,

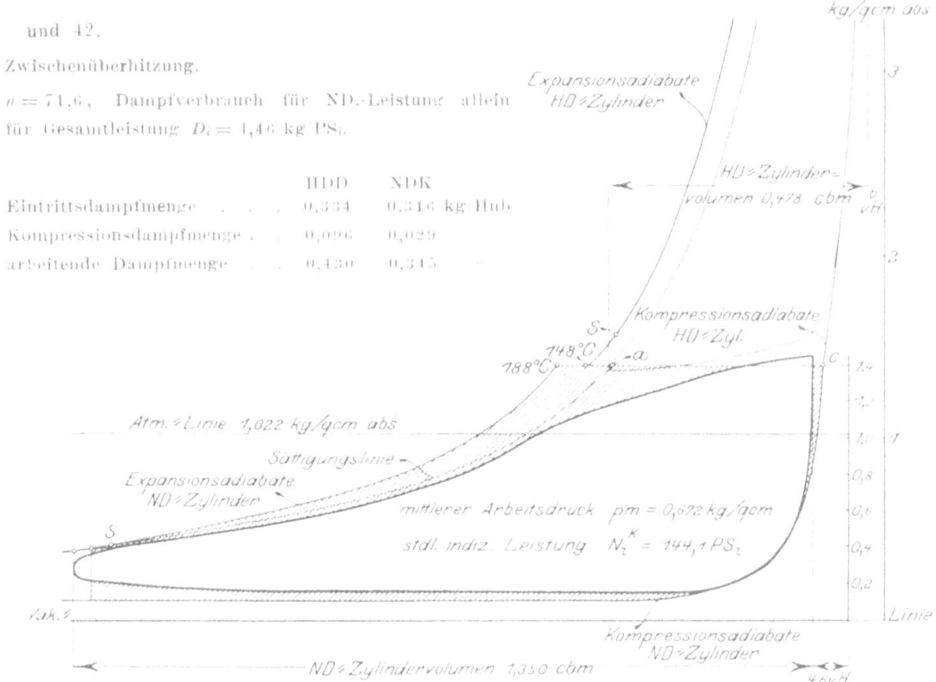

während sie bei 1 und 5 annähernd gleiche Größe besitzen. Die größeren
Druckschwankungen des Aufnehmers bei Versuch 1 werden durch den geringeren Rauminhalt des an Stelle des Zwischenüberhitzers eingebauten einfachen
Ueberströmrohres bedingt. Die Diagramme zeigen, daß die durch die Zwischenüberhitzung hervorgerufene Volumenvergrößerung des Aufnehmerdampfes und die
damit zusammenhängende Vergrößerung der theoretischen Arbeitsleistung des
Niederdruckzylinders nicht sehr bedeutend ist; doch ist der Einfluß der Erhöhung der Dampftemperatur auf den Verlauf der Expansionslinie aus dem Vergleich mit der Sättigungslinie unverkennbar.

Bei Betrieb ohne Zwischenüberhitzung liegt die Expansionslinie über der
Hyperbel, nähert sich bei geringer Zwischenüberhitzung der Kurve gleichbleibender Dampfmenge und sinkt bei hoher Ueberhitzung (79°) unter diese. Nur bei
letzterer ist der Dampf zu Beginn der Expansion noch schwach überhitzt, bei
geringerer Ueberhitzung verläuft dagegen der gesamte Expansionsvorgang im
Sättigungsgebiet. Dieser Verlauf tritt besonders deutlich auf der Deckelseite
hervor, während auf der Kurbelseite infolge Dampflässigkeit des Einlaßventiles
gegen Ende der Expansion eine stärkere Erhebung der Expansionslinie zu beobachten ist. Während die Expansionslinie der Deckelseite annähernd einer
polytropischen Kurve $p v''$ = konst mit unveränderlichem Exponenten n folgt,
fällt auf der Kurbelseite die Expansionslinie anfänglich stärker als gegen Ende,
so daß sich die Exponenten n während des Expansionsverlaufes ändern. Ihr
Mittelwert bleibt hinter dem der Deckelseite zurück.

Die mittleren Expansionsexponenten beider Zylinderseiten wurden für eine
größere Anzahl von Diagrammen im Druckintervall von 0,8 auf 0,5 at berechnet
und in Fig. 43 eingetragen. Für das gleiche Intervall wurden auch die mittleren Exponenten der Adiabaten unter Voraussetzung gleicher Eintrittspannung
und Temperatur wie vor ND.-Eintritt berechnet. Der Vergleich der wirklichen

Exponenten der Expansionskurven mit denen der (näherungsweise als polytropische Kurve mit gleichbleibendem Exponenten n aufgefaßten) Adiabate zeigt, daß der bei höherer Dampfüberhitzung zu beobachtende steilere Abfall der Expansionslinie hauptsächlich auf die theoretische Zunahme des Adiabatenexponenten mit steigender Ueberhitzung zurückzuführen ist. Solange das in Rech-

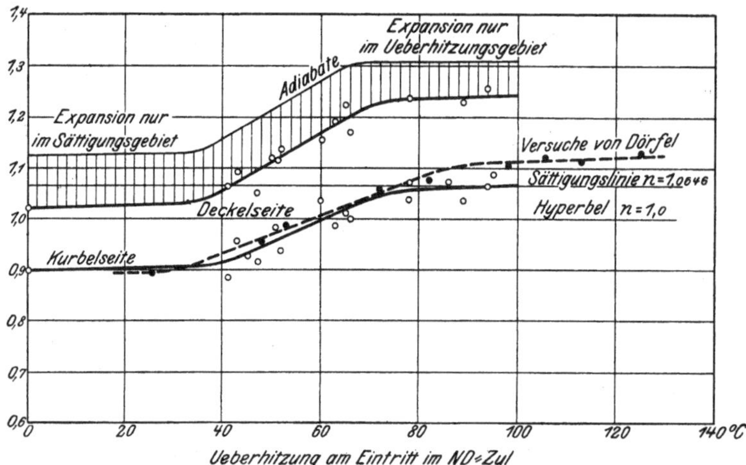

Fig. 43. Exponenten der Expansionslinien auf Kurbel- und Deckelseite des ND. Zylinders im Vergleich zu den Adiabatenexponenten bei zunehmender Ueberhitzung.

nung gezogene Intervall der Adiabate (hier 0,8 auf 0,5 at) vollständig im Sättigungsgebiet oder vollständig im Ueberhitzungsgebiet gelegen ist, werden die theoretischen Exponenten durch die Aenderung der Dampftemperatur vor Niederdruckeintritt kaum beeinflußt und liegen im Mittel bei 1,13 bezw. 1,31. Fällt dagegen der Uebergang vom überhitzten in den gesättigten Zustand in das betrachtete Intervall, so werden die Kurven nicht mehr genau durch Polytropen wiedergegeben, und die berechneten Werte nähern sich denen für Sattdampf bezw. reine Ueberhitzung, je früher oder später der Uebergang in das Sattdampfgebiet erfolgt. Denkt man sich den Kurvenverlauf im Uebergangsgebiet durch eine Polytrope ersetzt, so entsprechen dieser mit der Ueberhitzung rasch zunehmende Exponenten. Es ist nun bemerkenswert, daß die aus den Niederdruckdiagrammen berechneten mittleren Exponenten dieselbe charakteristische Abhängigkeit von der Zwischenüberhitzung aufweisen wie die theoretischen Ziffern, nur darin unterschieden, daß sich das Uebergangsgebiet etwas verschiebt und verlängert. Auf der Deckelseite ist mit zunehmender Ueberhitzung eine Annäherung der Expansion an die Adiabate zu beobachten, die sich in der Verringerung des durch senkrechte Schraffur hervorgehobenen Abstandes der theoretischen von der beobachteten Kurve kennzeichnet. Auf der Kurbelseite tritt dagegen keine Annäherung an die Adiabate ein infolge der in den Diagrammen ersichtlichen Lässigkeitsverluste, obwohl die Exponentziffern als solche eine erhebliche Zunahme erfahren. Der Vergleich mit dem eingetragenen Exponentwert der Sättigungslinie ($n = 1{,}0646$) zeigt, daß auf Deckelseite die Expansionslinie nach Erreichung einer Zwischenüberhitzung von etwa 42° unterhalb der Sättigungslinie verläuft, während sie sich auf Kurbelseite ihr erst bei sehr hoher Zwischenüberhitzung nähert.

Die als gestrichelte Linie in Fig. 43 eingezeichneten, von Prof. Dörfel an der oben erwähnten kleinen Niederdruckmaschine als Mittelwerte für beide Zylinderseiten berechneten Expansionsexponenten schließen sich dem Charakter nach der beobachteten Gesetzmäßigkeit an (mit dem Unterschied, daß infolge Verschiedenheit des der Rechnung zugrunde liegenden Druckintervalles der Verlauf der Exponenten im Uebergangsgebiet nicht mit dem der Adiabaten verglichen werden kann). Die Zahlenwerte entsprechen ihrer Größe nach annähernd den Beobachtungen auf der Kurbelseite.

Der Umstand, daß die Expansionslinie auf der Deckelseite nur eine geringfügige, auf der Kurbelseite überhaupt keine Annäherung an die Adiabate erfährt, ist ein Beleg dafür, daß die prozentualen Wärmeverluste im Niederdruckzylinder nur in geringem Maße durch die Ueberhitzung beeinflußt werden, während die bei der kleinen Niederdruckmaschine beobachtete stärkere Annäherung an die Adiabate bei höherer Ueberhitzung in Uebereinstimmung mit der bei dieser Maschine beobachteten Verbesserung des Gütegrades durch Zwischenüberhitzung steht.

Die Wärmevorgänge am Zwischenüberhitzer.

Die Druck- und Temperaturänderungen des Frischdampfes und des Aufnehmerdampfes beim Durchgang durch den Zwischenüberhitzer bilden die Grundlage der in Zahlentafel 3 wiedergegebenen rechnerischen Ausmittlung der Wärmevorgänge. Der Vorgang der Wärmeübertragung am Aufnehmer wurde an Hand der theoretischen Diagramme, Fig. 6 bis 8, S. 4 für die beiden charakteristischen Fälle der Heizung durch ruhenden und durch strömenden Dampf gekennzeichnet unter der Annahme, daß die Wärmeübertragung nur durch Kondensation von Frischdampf, bezw. nur durch Abgabe von Ueberhitzungswärme erfolge. Zahlentafel 3 und Fig. 44 lassen nun erkennen, daß bei den vorliegenden Versuchen,

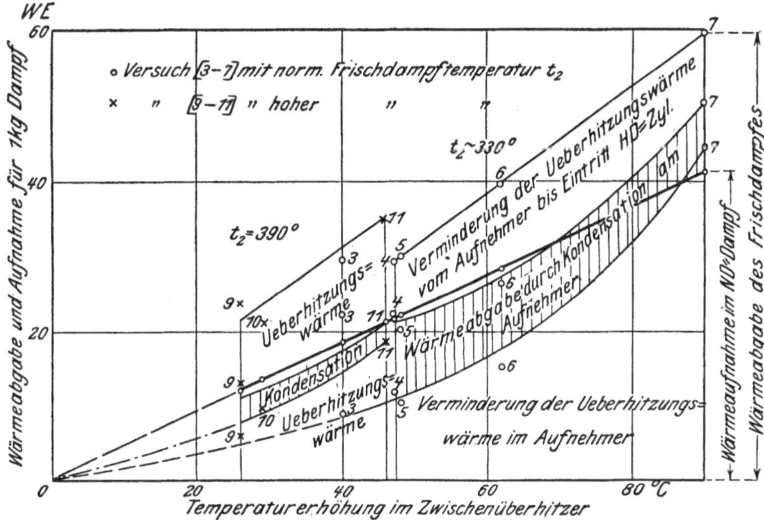

Fig. 44. Wärmevorgänge am Zwischenüberhitzer: Wärmeabgabe und Aufnahme in WE für 1 kg Dampf.

infolge der eigenartigen Dampfströmung im Zwischenüberhitzer, Fig. 18, die beiden Vorgänge gleichzeitig auftreten, wobei bei geöffnetem Schieber S (Heizung durch ruhenden Dampf) die Kondensationsverluste, bei geschlossenem Schieber (Heizung durch strömenden Dampf) die Verluste an Ueberhitzungswärme überwiegen. Bei den hohen Frischdampftemperaturen der Versuche 9 bis 11 ist die Kondensation wesentlich geringer als bei den niederen Temperaturen der Versuche 2 bis 7.

Zahlentafel 3 und 4.

Wärmevorgänge am Zwischenüberhitzer, bezogen auf 1 kg Frischdampf.

Versuchsnummer	9	10	3	11	4	5	8	6	7
Einstellung des Schiebers am Zwischenüberhitzer	offen	offen	offen	$^7/_{10}$ geschl.	offen	offen	$^7/_{10}$ geschl.	$^7/_{10}$ geschl.	geschlossen
Wärmeaufnahme des ND.-Dampfes:									
ND.-Dampftemperatur vor dem Aufnehmer t_5 ^{0}C	154	149	123	148	121	113	129	116	117
hinter dem Aufnehmer t_6 . . . . . »	180	178	163	194	169	162	179	178	207
spezif. Wärme $c_p^{6,5}$ [nach Kn.-J] . . .	0,464	0,464	0,469	0,467	0,465	0,467	0,468	0,466	0,469
Wärmeaufnahme im ND. $(1-\alpha)\,c_p\,(t_6-t_5)$ . . .	11,9	13,4	18,3	21,4	21,9	22,5	23,2	28,4	40,9
Wärmeabgabe des Frischdampfes:									
nachweisbare Frischdampfkondensation α . vH	1,22	0,0	2,4	0,42	1,86	1,80	1,0	2,0	1,0
Dampftemperatur vor dem Aufnehmer t_2 . ^{0}C	389	384	333	387	337	321	352	327	333
hinter dem Aufnehmer t_3 . . . . »	377	365	315	350	313	300	309	296	243
Eintritt HD.-Zylinder t_4 . . . . »	356	343	300	322	298	280	290	269	225
Gesamtwärme des Frischdampfes . WE	775	773	746	774	748	739	757	744	747
Verdampfungs- + Ueberhitzungswärme »	586	584	558	585	560	552	582	555	558
spezif. Wärme $c_p^{2,3}$ [nach Kn.-J.] . . .	0,516	0,513	0,501	0,511	0,501	0,50	0,50	0,50	0,501
spezif. Wärme $c_p^{3,4}$ [nach Kn.-J.] . . .	0,510	0,508	0,499	0,502	0,499	0,50	0,499	0,501	0,528
Wärmeabgabe durch Kondensation	7,1	0,0	13,4	2,5	10,4	9,9	5,8	11,1	5,6
an Ueberhitzungswärme im Aufnehmer . .	6,1 } 23,8	9,7 } 20,9	8,8 } 29,5	18,8 } 35,3	11,8 } 29,5	10,3 } 30,0	21,5 } 36,8	15,2 } 39,5	44,6 } 59,6
» » von Aufn. bis Eintritt HD.	10,6	11,2	7,3	14,0	7,3	9,8	9,5	13,2	9,4
Wärmeverluste durch Strahlung	11,9	7,5	11,2	8,8	7,6	7,5	13,6	11,1	18,7

Veränderung der theoretischen Arbeitsfähigkeit durch die Zwischenüberhitzung.

	WE	vH	WE	vH	WE	vH	WE	vH	WE	vH	WE	vH	WE	vH	WE	vH	WE	vH
gesamte Arbeitsfähigkeit	218,2	100,0	214,6	100,0	200,1	100,0	214,9	100,0	203,5	100,0	193,3	100,0	198,4	100,6	195,7	100,0	196,9	100,0
Arbeitzuwachs im ND.-Zylinder durch Zwischenüberhitzung	3,1	1,4	3,9	1,8	4,1	2,0	6,9	3,2	5,0	2,5	5,0	2,6	6,3	3,2	7,0	3,6	10,9	5,5
Arbeitsverlust d. Frischdampfes durch Zw.-Ueberh.	11,2	5,1	11,3	5,3	12,9	6,5	17,3	8,0	12 8	6,3	12,8	6,6	20,0	10,0	16,9	8,6	25,9	13,2
theoret. Arbeitverlust durch Zw.-Ueberh.	5,3	2,4	6,8	3,2	7,5	3,7	10,0	4,6	9,7	4,8	9,5	4,9	10,3	5,2	11,9	6,1	17,2	8,7
minus Arbeitzuwachs im ND.-Zylinder .	2,2	1,0	2,9	1,3	3,4	1,7	3,1	1,4	4,6	2,3	4,5	2,3	4,0	2,0	4,9	2,5	6,3	3,2
Strahlungsverluste	5,9	2,7	4,4	2,0	5,4	2,7	7,3	3,4	3,1	1,5	3,3	1,7	9,7	4,9	5,0	2,6	8,7	4,4

In Zusammenhang mit der Art der Wärmeübertragung steht die erzielte Höhe der Ueberhitzungstemperatur des Niederdruckdampfes. Bei offenem Schieber bleibt sie hinter der Sättigungstemperatur des Heizdampfes um so mehr zurück, je geringer die Ueberhitzung des letzteren ist (vergl. Fig. 21 und 23). Bei teilweise geschlossenem Schieber, also starker Strömung durch die Aufnehmerröhren, kommt die Ueberhitzungstemperatur der Sättigungstemperatur sehr nahe und überschreitet sie in geringem Maße bei hoher Frischdampftemperatur, Fig. 24. Eine wesentliche Ueberschreitung tritt ein, wenn bei ganz geschlossenem Schieber, Versuch 7, Fig. 22, die ganze Frischdampfmenge die Heizröhren durchströmt, da dann die Wärmeabgabe fast nur auf Kosten der Ueberhitzungswärme des Frischdampfes erfolgt. Diese Arbeitsweise kennzeichnet zugleich die bei der vorliegenden Eintritttemperatur und Maschinenbelastung erreichbare größte Zwischenüberhitzung, die jedoch infolge der starken Verminderung der Eintrittemperatur im Hochdruckzylinder eine ungünstige Dampfausnutzung im Gefolge hat. Beachtenswert ist die Erscheinung, daß die Größe der Zwischenüberhitzung mit steigender Austrittemperatur des Dampfes aus dem Hochdruckzylinder abnimmt.

Bei einzelnen Versuchen berechnete sich die Abnahme des Wärmeinhalts des Frischdampfes am Aufnehmer, Fig. 44, etwas geringer als die vom Niederdruckdampf aufgenommene Wärme, obwohl von ersterem auch noch die Strahlungsverluste am Aufnehmer zu decken sind. Es liegt dies einerseits daran, daß sich die Abgabe an latenter Wärme seitens des in dem hochüberhitzten Frischdampf gebildeten Kondenswassers nicht genau bestimmen läßt[1]); hauptsächlich aber daran, daß es nicht bei allen Versuchen möglich war, das im Zwischen-

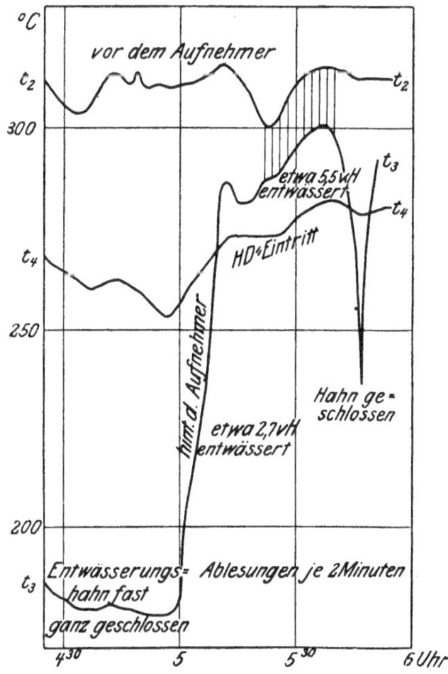

Fig. 45. Schwankungen der Thermometerangaben hinter dem Aufnehmer in Versuch 5.

überhitzer gebildete Kondensat des Heizdampfes vollständig auszuscheiden, da ein Wassersammler auf der Frischdampfseite fehlte und die vorhandene Anbohrung mit Spritzwand, Fig. 18, nicht genügte, um das Mitreißen von Wasser vollständig zu verhüten. Es blieb vielmehr im Frischdampf eine geringe Kon-

---

[1]) In der Rechnung wurde angenommen, daß nur die Verdampfungswärme entzogen wurde. Die Berücksichtigung der möglichen Ausnutzung der Flüssigkeitswärme bis zur Höchsttemperatur des Aufnehmerdampfes ergibt nur ganz geringfügige Abweichungen der Rechnungsergebnisse.

densatmenge, die erst auf dem Wege vom Aufnehmer zum Hochdruckzylinder nachverdampfte.

Der experimentelle Nachweis dieser Erscheinung, der einen Beleg dafür bildet, daß sich Wassertropfen verhältnismäßig lange in hochüberhitztem Dampfe halten können, ist in Versuch 5 geführt. Die in der Darstellung des Versuchsverlaufs, Fig. 21, eingetragenen Temperaturen t_3 hinter dem Aufnehmer zeigten sehr starke Schwankungen, die sich zwischen der wirklichen Ueberhitzungstemperatur des Dampfes und der Sättigungstemperatur bewegten. Der Zusammenhang dieser Schwankungen mit dem Wassergehalte des Frischdampfes wird aus der Beobachtungsreihe Fig. 45 ersichtlich, während welcher die Entwässerung (statt des vorher eingeschalteten Kondenstopfes) durch einen verstellbaren Hahn erfolgte. Bei geschlossenem Hahn entsprechen die Thermometerangaben trotz vorhandener Ueberhitzung des Frischdampfes annähernd der Sättigungstemperatur, bei geöffnetem Hahn erheben sie sich mehr oder minder nahe an die Ueberhitzungstemperatur, je nach der Vollständigkeit der Wasserabscheidung. Es muß also auch diesen Beobachtungen zufolge angenommen werden, daß im überhitzten Dampf Wassertröpfchen enthalten sein können, welche im vorliegenden Falle durch ihr Auftreffen auf die in der Strömung eingebaute Thermometerhülse erst zur Verdampfung kommen und ihre Umgebung durch Entziehen der zur Verdampfung notwendigen Wärme bis nahezu auf die Sättigungstemperatur des Frischdampfes abkühlen. Da diese Wärme aus dem Frischdampfe wieder ersetzt werden muß, verursacht die nachträgliche Verdampfung des mitgerissenen Wassers einen erhöhten Temperaturabfall zwischen Aufnehmer und Hochdruckzylinder, s. Fig. 45.

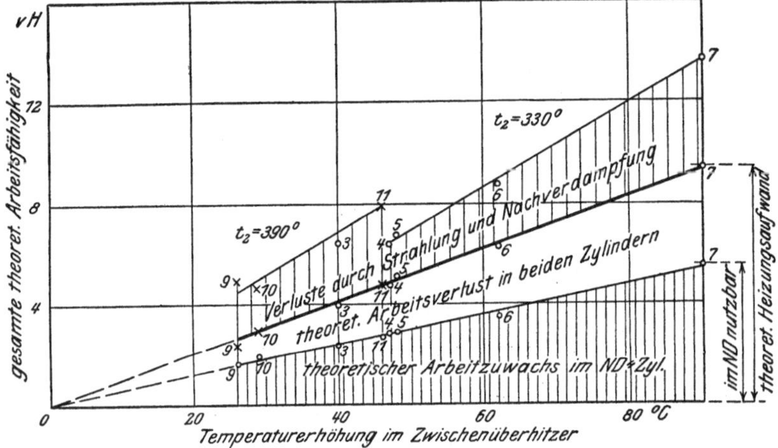

Fig. 46. Wärmeübertragung am Zwischenüberhitzer: Verminderung der gesamten Arbeitsfähigkeit im Vergleich zum theoretischen Arbeitzuwachs im ND.-Zylinder.

Von der Nachverdampfung abgesehen, entspricht der Unterschied der gesamten Wärmeabgabe des Frischdampfes und der Wärmeaufnahme des Niederdruckdampfes, Fig. 44, den Strahlungsverlusten am Aufnehmer und vom Aufnehmer bis Eintritt Hochdruckzylinder. Diese Verluste werden erheblich bei hoher Frischdampftemperatur.

Bei geringerer Eintrittüberhitzung traten nur in Versuch 3 größere Strahlungsverluste auf, da bei diesem der Aufnehmerkopf und die Anschlußflanschen noch nicht isoliert waren.

Den Einfluß der Wärmeübertragung am Zwischenüberhitzer auf die Arbeitsfähigkeit der Maschine zeigt Zahlentafel 4 und Fig. 46. Es tritt hier deutlich in Erscheinung, ein wie geringer Teil der aufgewandten Frischdampfwärme dem Niederdruckzylinder als theoretischer Arbeitzuwachs zugute kommt. Ist doch der theoretisch infolge Nichtausnutzung der Heizdampfwärme im Hochdruckzylinder mit der Wärmeübertragung verbundene Verlust bereits annähernd zwei Drittel der Arbeitzunahme im Niederdruckzylinder, während die Strahlungsverluste bei geringer Frischdampftemperatur etwa dieselbe, bei höherer etwa die doppelte Größe des theoretischen Verlustes aufweisen. Die gesamten mit der Zwischenüberhitzung verbundenen Verluste belaufen sich bei 50° Temperaturzunahme auf 3,8 bis 5,6 vH der theoretischen Gesamtleistung beider Zylinder.

Wenn die Zwischenüberhitzung wärmetechnisch nicht nachteilig wirken soll, müßten diese Verluste durch erhöhte Dampfwirkung im Niederdruckzylinder, also Steigerung dessen Gütegrades zum mindesten ausgeglichen werden. Nun war aber bereits oben erkannt, daß die Steigerung der Dampftemperatur vor dem Niederdruckzylinder nur sehr geringen Einfluß auf die durch Eintrittkondensation und Lässigkeit im Niederdruckzylinder hervorgerufenen Verluste auszuüben vermag. Unter Berücksichtigung der raschen Zunahme der mit gesteigerter Aufnehmerheizung verbundenen Strahlungs- und theoretischen Verluste, die in Fig. 47 durch senkrechte Schraffur hervorgehoben wurden, erweist sich daher die Zwischenüberhitzung als bedeutungslos.

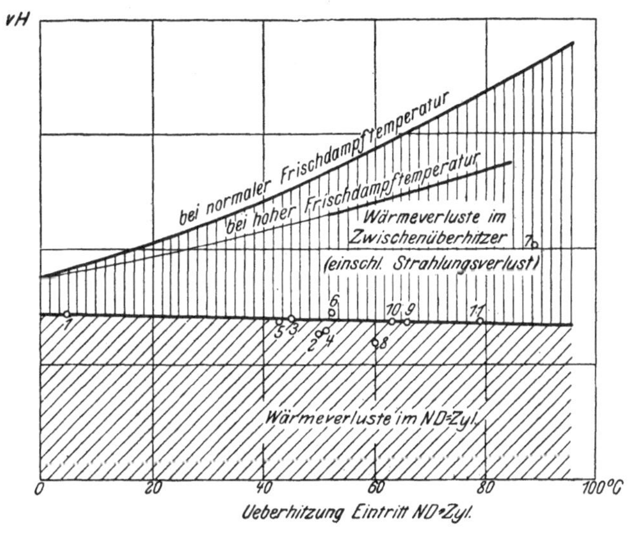

Fig. 47.

Diese Versuche bilden einen einwandfreien Beleg dafür, daß bei Großdampfmaschinen die Zwischenüberhitzung mit hoch überhitztem Frischdampf eine Erhöhung der Wärmeökonomie nicht erzielen läßt, ihre Anwendung vielmehr von einer Erhöhung des Wärmeverbrauches der Maschine begleitet ist.

Der Einbau eines Zwischenüberhitzers ist so lange unwirtschaftlich, wie es möglich wird, mit den vor dem Zwischenüberhitzer herrschenden Temperaturen auch unmittelbar im Hochdruckzylinder zu arbeiten. Das praktische Anwendungsgebiet der Zwischenüberhitzung wird daher zweckmäßigerweise auf die Ausnutzung höherer Frischdampftemperaturen beschränkt, deren unmittelbare Zuführung zum Hochdruckzylinder aus betriebstechnischen Gründen nicht wünschenswert erscheint. Der Zwischenüberhitzer ermöglicht in dieser Anordnung durch Uebertragung eines Teiles der Frischdampfwärme auf den Niederdruckzylinder die Ausnutzung eines größeren Wärmegefälles, als aus Gründen der Betriebsicherheit bei einfacher Ueberhitzung ausgenutzt werden kann. Seine Einschaltung bietet zugleich den besonders bei größeren Maschinen wertvollen konstruktiven Vorteil, daß der Dampfmantel auch am Niederdruckzylinder entbehrlich wird. In diesem Falle kann unter

Umständen die ganze im Niederdruckzylinder nutzbar gemachte Wärme als Gewinn angesehen werden. Solch außergewöhnlich hohen Frischdampftemperaturen entsprechen auch die meisten in der Literatur bekannt gewordenen Ergebnisse der Anwendung der Zwischenüberhitzung.

Die zum Studium dieser Betriebsverhältnisse mit sehr hohen Frischdampftemperaturen durchgeführten Versuche 9 bis 11 ergaben gegenüber den Versuchen 2 bis 6 bei einer um 57° höheren Frischdampftemperatur eine Wärmeersparnis von $\frac{3641 - 3441}{3641} = 5{,}5$ vH, welche annnähernd der für gleiche Temperaturerhöhung mit einfacher Ueberhitzung zu erzielenden Wärmeersparnis entspricht.

Diese Wärmeersparnis stellt eine Erhöhung der Dampfökonomie dar, die nur durch den Einbau des Zwischenüberhitzers ermöglicht werden kann, indem nach den bisherigen Erfahrungen Großdampfmaschinen mit Heißdampf von 390° im Hochdruckzylinder nicht störungsfrei betrieben werden können. Die praktische Bedeutung dieser Betriebsweise wird aber auch im vorliegenden Falle beeinträchtigt durch den Umstand, daß die bei den Versuchen 9 bis 11 angewandte Temperaturerhöhung auf 390° vor dem Aufnehmer im Dauerbetrieb nicht aufrecht erhalten werden kann. Einerseits ist die im Kesselüberhitzer notwendige Temperatur von etwa 430° unzulässig hoch, andrerseits überschreitet bei den Versuchen 9 und 10 die Eintrittemperatur im Hochdruckzylinder mit rd. 370° erheblich die erfahrungsgemäß für Dampfmaschinen dieser Leistungseinheit zulässige oberste Temperaturgrenze. Zudem ist die Wärmeübertragung am Aufnehmer so gering, daß die Wärmeersparnis tatsächlich mehr auf der hohen Eintrittemperatur als auf Zwischenüberhitzung beruht. Damit aber wird ersichtlich, daß selbst diese Anwendung der Zwischenüberhitzung durch strömenden Frischdampf nur eine beschränkte Bedeutung beanspruchen kann wegen der im Verhältnis zur Komplikation der Anlage recht geringen Wärmeersparnis, welche für die im Dauerbetrieb zulässigen Höchsttemperaturen 2 bis 3 vH nicht überschreiten dürfte gegenüber dem Wärmeverbrauch der Maschine bei der im Dauerbetrieb zulässigen einfachen Ueberhitzung.

2) Versuche an einer 800pferdigen liegenden Tandemmaschine von Gebrüder Sulzer, Winterthur, Schweiz.

Nachstehende Versuche des Bayrischen Revisionsvereines in München, deren Mitteilung und Akteneinsicht ich Hrn. Direktor Eberle verdanke, wurden im November 1901 an der Betriebsmaschine der Baumwollspinnerei Hof ausgeführt. Sie bilden eine Ergänzung der unter 1) mitgeteilten Versuche für die Anwendung der Zwischenüberhitzung bei geheiztem Niederdruckzylinder. Die Versuche fanden bei normaler Belastung statt.

Hauptabmessungen der Maschine.

		Hochdruck		Niederdruck	
Zylinderdurchmesser . . .	mm	682,6		1200,0	
Kolbenstangendurchmesser .	»	160	0	190	160
Hub	»		1700		
Zylinderverhältnis			1 : 3,11.		

Als Zwischenüberhitzer diente ein schmiedeiserner Zylinder von 770 mm Dmr. und 2100 mm Länge mit gußeisernen Deckeln auf beiden Seiten. Das Heizrohrbündel ist aus 121 U-förmig gebogenen schmiedeisernen Rohren von 21 auf 26 mm Dmr. gebildet und besitzt eine wirksame Heizfläche von 37 qm.

Der Heizdampf wird durch eine Abzweigung der Frischdampfleitung zum Zwischenüberhitzer geführt und mischt sich nach Verlassen des Ueberhitzers vor Eintritt in den Hochdruckzylinder wieder mit dem Arbeitsdampf. Es besteht keine Möglichkeit, die Heizdampfmenge und damit die Temperaturverteilung zu verändern.

Der Hochdruckzylinder ist nicht gemantelt, der Niederdruckzylinder besitzt einen vom Arbeitsdampf durchströmten Heizmantel; Deckel sind nicht geheizt.

Versuchsbeobachtungen (Zahlentafel 5).

Aus den Versuchsbeobachtungen sei hervorgehoben: Der Wärmeverbrauch ist bei gleichen Druck- und Temperaturgrenzen bei den Versuchen mit Zwischenüberhitzung um 2,4 vH höher als bei dem Versuche ohne Zwischenüberhitzung. Da die Wärmeausnutzung im Hochdruckzylinder bei fast gleichen Eintrittemperaturen und übereinstimmendem Diagrammverlauf in den Versuchen gleiche Größe besitzt, kann diese Erhöhung des Wärmeverbrauches nur auf die mit der Wärmeübertragung am Aufnehmer verbundenen Verluste im Zusammenhang mit der Veränderung der Wärmeausnutzung im Niederdruckzylinder zurückgeführt werden. Der Vergleich der auf den Niederdruckzylinder bezogenen Gütegrade und der Diagramme, Fig. 48 bis 51, zeigt, daß trotz

Zahlentafel 5. Liegende Tandem-Maschine von Gebr. Sulzer.

Versuche		ohne	mit Zwischenüberhitzung		
Versuchsnummer		III	I	II	Mittel aus I u. II
Versuchsdauer	st	8	8	8	
Dampfdruck vor der Maschine . .	at abs.	9,9	9,9	9,9	9,9
im Aufnehmer	» »	1,13	1,21	1,16	1,185
Gegendruck im ND.-Zylinder . .	» »	0,14	0,14	0,14	0,14
im Kondensator	» »	0,035	0,038	0,037	0,037
Dampftemperatur vor der Maschine	^{0}C	353	353	353	353
Eintritt HD.-Zylinder	»	351	346	346	346
Austritt HD.-Zylinder	»	111	108	108	108
Austritt Aufnehmer	»	116	152	153	152,5
Ueberhitzung vor der Maschine . .	»	175	175	175	175
Eintritt HD.	»	173	168	168	168
Eintritt ND.	»	13	47	50	48,5
minutl. Umdrehungen		65,7	65,6	65,6	65,6
End-Expansionsspannung ND. . . .	at abs.	0,36	—	0,37	0,37
Leistung: im HD.-Zylinder	PSi	490,9 = 61,6 vH	458,1 = 58,6 vH	467,2 = 58,9 vH	
im ND.-Zylinder	»	306,0 = 38,4 vH	323,9 = 41,4 vH	326,0 = 41,1 vH	
Gesamtleistung	»	**796,9**	**782,0**	**793,2**	**787,6**
Dampfverbrauch für die PSi-st . .	kg	4,39	4,53	4,46	4,495
Wärmeverbrauch für die PSi-st . . .	WE	3325	3430	3378	3404
Frischdampf-Kondensat im Aufnehmer .	vH	—	3,25	3,22	3,235
Aufnehmerdampf-Kondensat im Aufnehmer	»	0,09	0,06	0,03	0,045
im ND.-Zylindermantel	»	1,21	0,31	0,22	0,265
vom ND.-Dampf aufgen. Wärme	WE		19,7	20,2	19,95
vom Frischdampf abgegeb. Wärme					
durch Kondensation	»		19,3	19,1	19,2
an Ueberhitzungswärme	»		3,7	3,7	3,7
Wärmeabgabe durch Strahlung . . .	»		3,3	2,6	2,95
Gütegrade: gesamt	vH	75,1	72,7	73,9	73,3
für HD.-Zylinder allein	»	76,3	75,6	75,7	75,65
für ND.-Zylinder allein	»	**73,8**	**73,2**	**74,6**	**73,9**

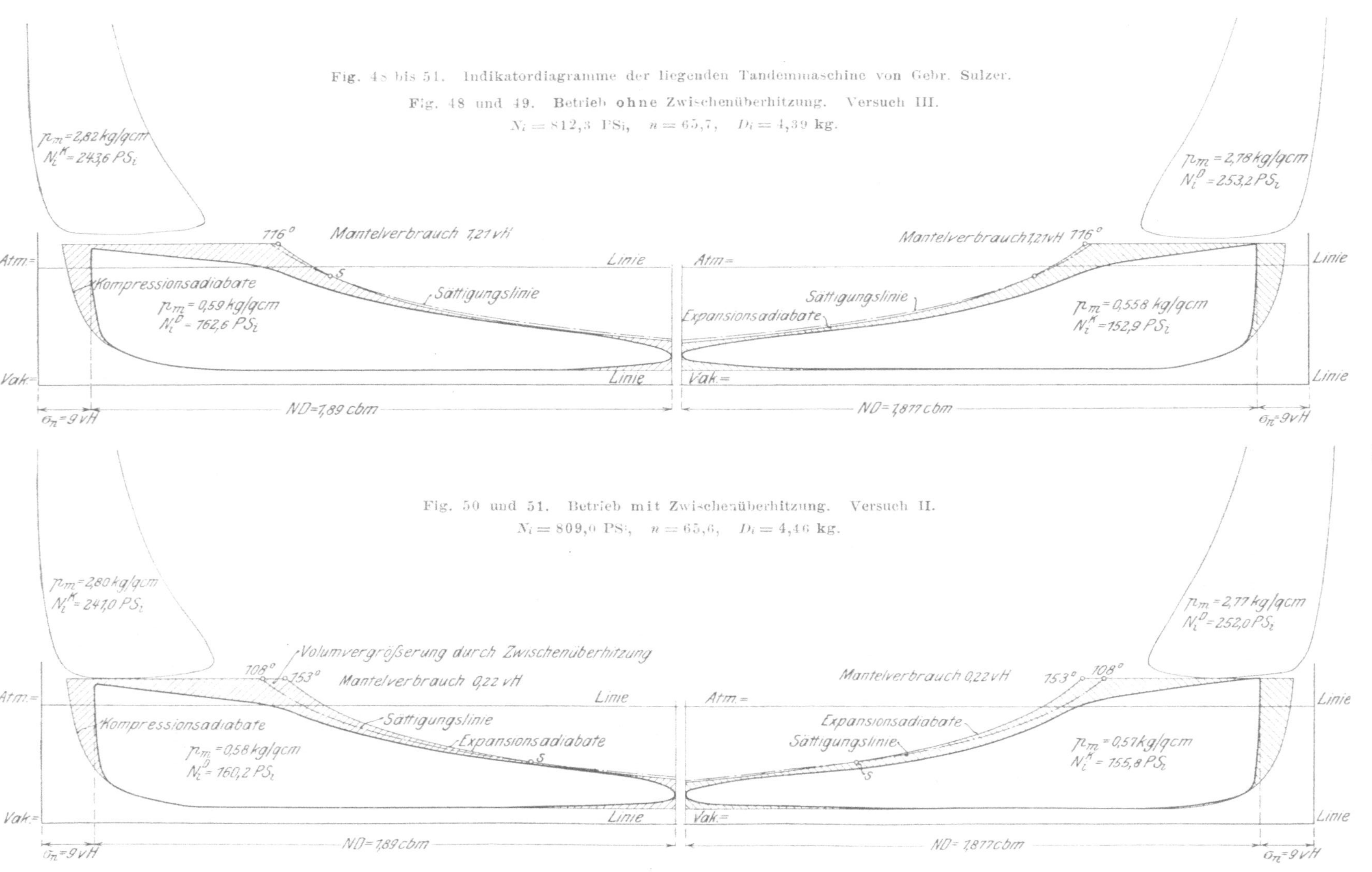

Fig. 48 bis 51. Indikatordiagramme der liegenden Tandemmaschine von Gebr. Sulzer.

Fig. 48 und 49. Betrieb **ohne** Zwischenüberhitzung. Versuch III.

$N_i = 812,3\ \text{PS}_i,\quad n = 65,7,\quad D_i = 4,39\ \text{kg}.$

Fig. 50 und 51. Betrieb mit Zwischenüberhitzung. Versuch II.

$N_i = 809,0\ \text{PS}_i,\quad n = 65,6,\quad D_i = 4,46\ \text{kg}.$

Steigerung der Eintrittüberhitzung im ND.-Zylinder um fast 40° keine Erhöhung der prozentualen Wärmeausbeute im Niederdruckzylinder durch die Zwischenüberhitzung eingetreten ist. Auch der Diagrammverlauf zeigt trotz der Zunahme der Eintrittemperatur im Verlauf der Expansions- und Kompressionslinien vollständige Uebereinstimmung, wie aus dem Vergleich mit den eingetragenen Expansionsadiabaten und Sättigungslinien sowie mit dem auf übereinstimmende Kompressions- und Eintrittdampfmenge bezogenen theoretischen Arbeitsvorgang hervorgeht. Die Wirksamkeit der Zwischenüberhitzung beschränkt sich also auf die Vergrößerung der theoretischen Arbeitsfähigkeit vor Eintritt in den Niederdruckzylinder, ohne im Zylinderinnern eine stärkere Beschränkung der Wechselwirkung zwischen Dampf und Wandung herbeizuführen, als ohne Zwischenüberhitzung durch Mantelheizung allein erzielt wird. Der Effekt der Zwischenüberhitzung um 40° ist also nur gleichwertig, nicht aber überlegen, dem Effekt der Mantelheizung.

Diese Beobachtung ist eine Bestätigung der in Fig. 14 mitgeteilten Versuche von Prof. Gutermuth, in denen durch Zylinderheizung die gleiche Beschränkung der Wärmeverluste erzielt wurde, welche bei Zwischenüberhitzung und ungeheiztem Zylinder erst durch eine Temperatursteigerung von 60° erreicht werden konnte.

Infolge der aus der Unveränderlichkeit der Gütegrade ersichtlichen Gleichwertigkeit von Zwischenüberhitzung und Mantelheizung beruht die Wirtschaftlichkeit beider Heizungsarten lediglich in der Höhe ihres Wärmeaufwandes. Bei den vorliegenden Versuchen fällt dieser Vergleich zuungunsten der Zwischenüberhitzung aus. Der Heizbedarf des Niederdruckzylindermantels beträgt nämlich nur 1,21 vH der Aufnehmerdampfmenge, das ist weniger als $^1/_2$ vH der theoretisch nutzbaren Frischdampfwärme, während bei Aufnehmerheizung der Frischdampf rd. 2,5 vH mehr an theoretischer Arbeitsfähigkeit einbüßt, als im Niederdruckzylinder durch die Temperaturerhöhung gewonnen wird, obwohl der Wärmebedarf der Aufnehmerheizung nur wenig den mit der Wärmeübertragung theoretisch verbundenen Verlust überschreitet, da die Strahlungsverluste nur sehr geringe Größe besitzen (s. Zahlentafel 5).

Da der Heizdampf dem Zwischenüberhitzer durch eine Abzweigung der Frischdampfleitung zugeführt wird, erfolgt die Wärmeübertragung an den Aufnehmerdampf hauptsächlich durch Kondensation von Frischdampf. Die Höchsttemperatur der Zwischenüberhitzung ist um 26° niedriger als die Sättigungstemperatur des kondensierenden Frischdampfes.

II) Zwischenüberhitzung durch besondere Aufnehmerheizung bei niedrigen Frischdampftemperaturen.

3) Versuche an sechs stehenden Verbundmaschinen
von 700 bis 2300 PS Leistung von Mc. Intosh Seymour and Co.,
Auburn, New York.

Nachstehende, in Deutschland bisher nicht veröffentlichte Vergleichsversuche wurden in den Jahren 1901 bis 1904 an stehenden Großdampfmaschinen gleicher Bauart in verschiedenen Elektrizitätswerken in und bei Boston von Prof. L. Marks u. a. ausgeführt[1]. Sie beziehen sich auf Betrieb mit sehr geringer Frischdampfüberhitzung bei nicht geheiztem Niederdruckzylinder und beanspruchen Beachtung wegen des umfangreichen in ihnen niedergelegten

---

[1] Lionel S. Marks, Transactions of the American Society of Mechan. Engineers Bd. XXV, New York, Nr. 1030 S. 443 bis 508.

Versuchsmaterials, das sich auf eine Anordnung der Zwischenüberhitzung bezieht, über die anderweit Versuche nicht vorliegen.

Die vorliegende Bearbeitung des Versuchsmaterials erfolgte nach anderen Gesichtspunkten als in dem Originalbericht und gelangt teilweise auch zu abweichenden Ergebnissen.

Hauptabmessungen der Maschinen.

Maschine		G	B	A	K	C u. D
Zylinderdurchmesser HD.	mm	457,2	584,2	714,4	787,4	736,6
» ND.	»	965,2	1219,2	1476,5	1625,6	1524,0
Kolbenstangendurchmesser	»	(96,8)	(120,6)	139,7	(161,9)	155,6
Hub	»	1066,8	1219,2	1219,2	1219,2	1422,4
Zylinderverhältnis . . .		1 : 4,59	1 : 4,42	1 : 4,30	1 : 4,32	1 : 4,41
Heizfläche des Aufnehmers qm		—	40,9	72,2	—	68,8 bzw. 74,4

Steuerung: Hochdruck- und Niederdruckeinlaß: Doppelschiebersteuerung mit nicht entlasteten Gitterschiebern, für jede Zylinderseite getrennt. Hochdruck- und Niederdruckauslaß: Nicht entlasteter, einfacher Gitterschieber auf jeder Zylinderseite. Regulierung durch Flachregler.

Der Niederdruckzylinder, Fig. 52, besitzt keinen Heizmantel; der Hochdruckzylinder ist mit Boden-, Deckel- und Mantelheizung versehen. Die Aufnehmer besitzen Heizröhren. Die Versuche beziehen sich auf Betrieb mit Hei

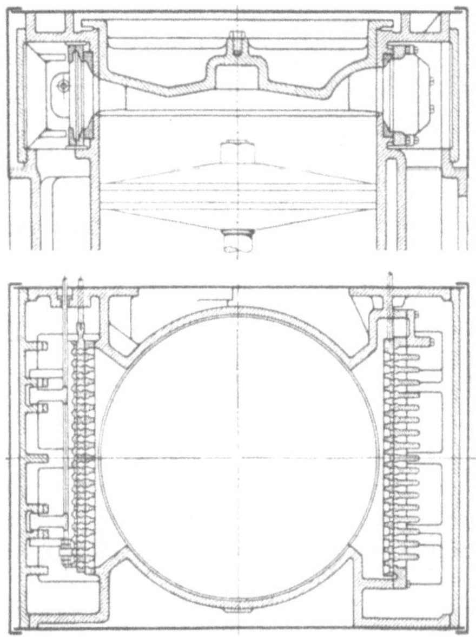

Fig. 52. ND.-Zylinder der Maschinen C und D.

zung von Hochdruckzylinder und Aufnehmer und auf Betrieb ohne Mantel- und Aufnehmerheizung. Im ersteren Falle tritt der Heizdampf am Hochdruckzylinderdeckel ein und durchströmt hintereinander Deckel, Mantel, Boden und die Heizröhren des Aufnehmers.

Zahlentafel 6 enthält die wichtigsten Versuchsbeobachtungen.

Die Versuche sind nach Größe der Maschinen und in jeder Gruppe nach abnehmender Leistung geordnet. Die Quelle enthält weitere 4 Versuche (19 bis 21 und 24) an drei anderen Maschinen E, F und H, deren Mitteilung hier unter

Zahlentafel 6. Stehende Verbundmaschinen von Mc. Intosh, Seymour, Auburn N.Y.

	460.965 / 1070	585.1220 / 1220						710.1470 / 1220	790.1625 / 1220			735.1525 / 1420		
Abmessungen der Maschinen														
Bezeichnung der Maschinen	G	B						A	K			D	C	

Versuche mit Heizung des Hochdruckzylinders und des Aufnehmers.

Zeile	Versuchsnummer	23	10	12	3	6	4	3	1	25	26	27	17	13	15	16
1	Versuchsdauer st	10	1	8	5	2	2	2	10	10	8	8	8	10	4	4
2	Dampfdruck vor der Maschine at abs.	10,8	11,7	12,4	11.5	11,5	11,6	11,7	12,2	10,7	10,4	10,7	12,4	12,8	12,7	12,9
3	im Aufnehmer » »	1,81	2,5	2,41	2.16	1,97	1,62	1,09	2,41	1,78	1,39	1,14	1,95	1,97	1,71	1,39
4	Gegendruck im ND.-Zylinder » »	0,145	0,15	0,113	0.106	0,084	0,102	0,078	0,169	0,16	0,126	0,118	0,16	0,195	0,173	0,128
5	Dampftemperatur vor der Maschine °C	223,1	190,3	198,4	190,0	190,8	188,1	186,2	187,4	216,6	219,0	211,9	243,0	234,4	225,3	213,3
6	Eintritt ND.-Zylinder »	143,8	141,4	153,1	143,3	152,8	155,0	152,0	145,4	138,3	140,3	146,7	152,6	152,7	151,8	154,7
7	Ueberhitzung: Eintritt HD. »	41,7	4,5	10,4	5,1	5,8	2,7	0,5	gesätt.	35,6	39,0	30,9	54,6	44,5	35,8	26,8
8	Eintritt ND. »	27,3	14,7	27,4	25,9	33,6	42,0	50,5	19,7	22,3	32,8	44,0	33,6	33,5	37,2	47,2
9	Uml./min	119,1	101,2	102,0	101,9	102,5	103,4	103,6	118,5	116,9	191,1	119,3	98,2	97,5	98,8	99,6
10	End-Expansionsspannung ND. at abs.	0,54	0,86	0,60	0,57	0,39	0,32	0,22	0,55	0,61	0,30	0,20	0,60	0,73	0,52	0,36
11	Leistung im HD.-Zylinder PSi	352 = 48,6 vH	616 = 40,6 vH	421 = 37,6 vH	419 = 39,5 vH	320 = 37,4 vH	206 = 36,8 vH	123 = 39,4 vH	872 = 43 vH	1080 = 48,8 vH	613 = 51 vH	336 = 46,2 vH	1100 = 49,1 vH	1120 = 48,5 vH	886 = 47,8 vH	581 = 46,2 vH
12	im ND.-Zylinder »	374 = 51,4 vH	904 = 59,4 vH	699 = 62,4 vH	642 = 60,5 vH	537 = 62,6 vH	354 = 63,2 vH	191 = 60,6 vH	1150 = 57 vH	1138 = 51,2 vH	600 = 49 vH	390 = 53,8 vH	1136 = 50,9 vH	1180 = 51,5 vH	972 = 52,2 vH	676 = 53,8 vH
13	Gesamtleistung »	726	1520	1120	1061	857	560	314	2022	2218	1213	726	2236	2300	1858	1257
14	Dampfverbrauch für 1 PSi-st kg	5,90	6,51	6,07	6,07	6,09	6,13	6,27	6,07	5,59	5,46	5,79	5,17	5,68	5,68	5,53
15	Wärmeverbrauch für die PSi-st WE	4081	4361	4097	4072	4088	4102	4199	4057	3850	3770	3966	3620	3902	3914	3793
16	Aufnehmerdampf-Kondensat vH	0,69	—	—	—	—	—	—	1,6	0,93	0,67	—	—	—	—	—
17	Frischdampf-Kondensat der Heizung »	6,45	8,9	6,9	7,49	7,91	8,95	10,2	6,8	4,89	7,28	9,05	7,4	6,5	7,2	9,3

Versuche ohne Heizung des Hochdruckzylinders und Aufnehmers.

Zeile	Versuchsnummer	22	11	9	7	5	—	2	—	28	—	28	—	14	—
1	Versuchsdauer st	10	1	2	2	2		5		8		8		5	
2	Dampfdruck vor der Maschine at abs.	10,7	11,9	11,9	11,9	11,9		12,3		10,6		12,5		12,7	
3	im Aufnehmer » »	1,66	2,38	1,97	1,77	1,49		2,47		1,285		1,864		1,78	
4	Gegendruck im ND.-Zylinder » »	0,17	0.186	0,104	0,119	0,108		0,204		0,14		0,158		0,206	
5	Dampftemperatur vor der Maschine °C	222,2	194,2	194,4	196,1	198,6		187,9		221,6		243,0		233,1	
7	Ueberhitzung: Eintritt HD. »	40,3	7,7	7,9	9,6	12,1		gesätt.		40,8		54,6		43,6	
9	Uml./min	118,4	101,2	101,9	102,5	103,1		118,5		118,4		98,6		97,6	
10	End-Expansionsspannung ND. at abs.	0,62	0,81	0,54	0,44	0,32		0,64		0,27		0,56		0,50	
11	Leistung im HD.-Zylinder PSi	389 = 53,7 vH	712 = 46,3 vH	514 = 45,9 vH	395 = 46,7 vH	251 = 45,1 vH		976 = 48,5 vH		656 = 54,5 vH		1206 = 53,8 vH		1234 = 54,3 vH	
12	im ND.-Zylinder »	336 = 46,3 vH	825 = 53,7 vH	607 = 54,1 vH	449 = 53,3 vH	305 = 54,9 v		1040 = 51,5 vH		559 = 45,5 vH		1040 = 46,2 vH		1038 = 45,7 vH	
13	Gesamtleistung »	725	1537	1121	844	556		2016		1215		2246		2272	
14	Dampfverbrauch für die PSi-st kg	6,32	6,78	6,44	6,58	6,75		6,11		5,766		5,31		5,70	
15	Wärmeverbrauch für die PSi-st WE	4358	4562	4334	4435	4561		4084		3982		3717		3967	
16	Aufnehmerdampf-Kondensat vH	3,35	4,97	5,97	6,7	3,7		6,0		2,75		—		2,3	

bleiben konnte, da zu ihnen keine Vergleichsversuche unter geänderten Betriebsbedingungen vorliegen.

Eine größere Anzahl von Vergleichversuchen sowohl für Betrieb mit wie für Betrieb ohne Heizung bei verschiedenen Belastungen wurde nur für Maschine *B* durchgeführt, bei der durch Anwendung der Kondensatwägung bei Oberflächenkondensation kürzere Versuchzeiten zulässig waren, als bei den übrigen mit Speisewassermessung ausgeführten Versuchen, in denen mehreren Versuchen mit Heizung stets nur je ein Versuch ohne Heizung gegenübergestellt wurde. Ein unmittelbarer Vergleich der Wärmeverbrauchziffern in den verschiedenen Versuchen ist wegen der Verschiedenheit der Druck- und Temperaturgrenzen sowie der Endexpansionsspannungen nicht durchführbar. Der Vergleich wird erst ermöglicht durch Aufstellung der Wärmebilanz der Maschinen. In der graphischen Darstellung der Wärmebilanz, Fig. 53, die einen

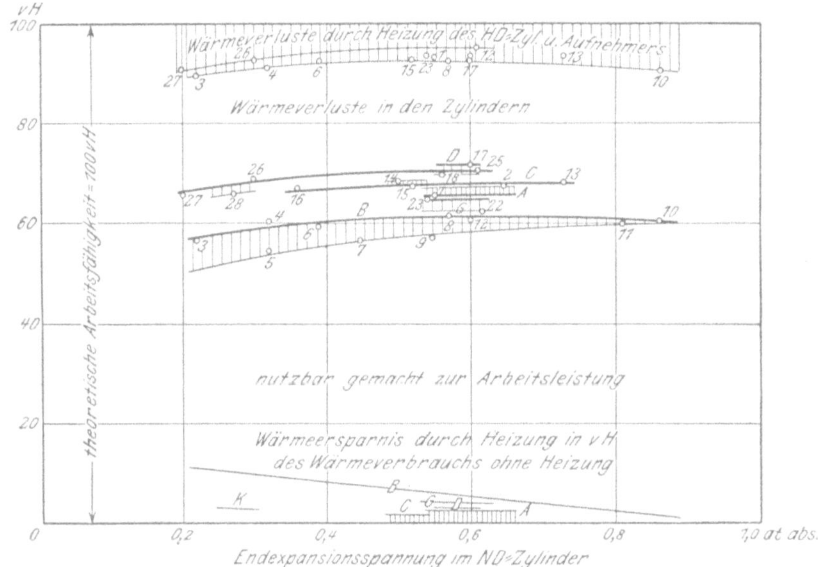

Fig. 53. Graphische Darstellung der Wärmebilanz für die Versuche an stehenden Großdampfmaschinen. Prozentuale Wärmeausnutzung bei Betrieb mit und ohne Heizung in Abhängigkeit von der Endexpansionsspannung (Belastung).

anschaulichen Ueberblick über die Versuchsergebnisse gewährt, beziehen sich die stark ausgezogenen Linien auf den Betrieb mit Heizung, die schwächeren auf Betrieb ohne Heizung.

Der Einfluß der Heizung auf den Wärmeverbrauch ist sehr verschieden. Eine erhebliche Wärmeersparnis wurde durch die Hochdruckmantel- und Aufnehmerheizung nur bei Maschine *B* nachgewiesen, und zwar hauptsächlich für kleinere Belastungen. Bei sämtlichen übrigen Maschinen ist die Wärmeersparnis geringer; bei den Maschinen *A* und *C* ist der Betrieb mit Heizung sogar von einer Verschlechterung der Wärmeausnutzung begleitet. Dieses Ergebnis gestattet jedoch keinen unmittelbaren Rückschluß auf die Wirtschaftlichkeit der Zwischenüberhitzung allein, da die Veränderung des Gesamtwärmeverbrauches außer durch die Zwischenüberhitzung auch noch durch die Mantel- und Deckelheizung des Hochdruckzylinders beeinflußt wird. Eine Aufklärung im einzelnen wird erst gewonnen durch die Untersuchung der durch die Heizung herbeigeführten Veränderung der Wechselwirkung zwischen Dampf und Wandung für Hochdruck- und Niederdruckzylinder getrennt, im Vergleich zu dem mit der Heizung verbundenen Wärmeaufwand.

Hierzu ist die Kenntnis der theoretischen Arbeitsleistung jedes Zylinders erforderlich, zu deren Ermittlung für die Versuche ohne Heizung angenommen wurde, daß die beim Eintritt in den Niederdruckzylinder nachweisbare Dampfmenge trocken gesättigt sei, da bei diesen Versuchen der große, nicht geheizte Aufnehmer vollständige Wasserabscheidung ermöglichte. Die sich aus dieser Annahme berechnende Erhöhung des Wärmeinhaltes des Aufnehmerdampfes durch Aufnahme der Verlustwärmen des Hochdruckzylinders, vergl. Fig. 9, ist geringer, als der Aufnahme der gesamten unausgenutzten Hochdruckwärme entspricht, infolge von Strahlungsverlusten an dem nicht geheizten Hochdruckzylinder und beim Uebergang zum Niederdruckzylinder.

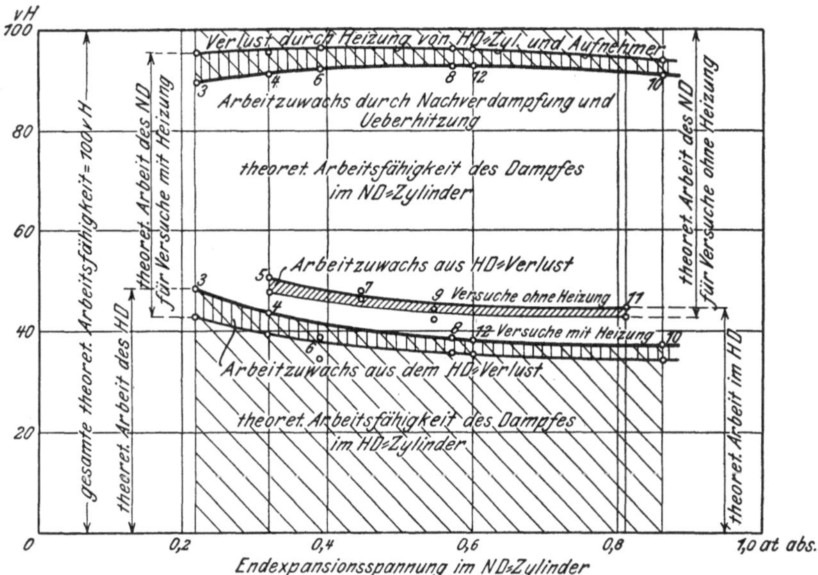

Fig. 54. Versuche mit Maschine *B* mit und ohne Heizung von HD.-Zylinder und Aufnehmer: Verteilung der **theoretischen** Arbeitsleistung auf die beiden Zylinder.

Bei den Versuchen mit Heizung ist die theoretische Arbeitsleistung des Niederdruckzylinders aus der Beobachtung des Dampfzustandes vor dem Zylinder bekannt. Sie überschreitet, Fig. 54, erheblich den Arbeitswert der Dampfwärme am Ende der adiabatischen Expansion im Hochdruckzylinder, zum Teil infolge Aufnahme der Verlustwärmen des Hochdruckzylinders, zum Teil infolge der Nachverdampfung und Zwischenüberhitzung im Aufnehmer. Der Arbeitzuwachs aus dem Hochdruckverlust dürfte im Gegensatz zu den Versuchen bei nicht geheiztem Zylinder der gesamten Verlustwärme der Hochdruckarbeit entsprechen, da durch die Zylinder- und Aufnehmerheizung Strahlungsverluste nach außen in Wegfall kommen. Da der Arbeitzuwachs aus dem Hochdruckverlust bei der geringen Temperatur des Frischdampfes nicht zur Trocknung des Dampfes ausreicht, erfolgt diese, wenn die Entwässerung des Aufnehmerdampfes unterblieb, erst durch die Heizung des Zwischenüberhitzers. Die Nachverdampfung überwiegt bei großen Belastungen, während mit abnehmender Belastung infolge steigender Wärmeübertragung die Zwischenüberhitzung zunimmt, Fig. 55. Der theoretische Verlust der Aufnehmerheizung ist um so größer, je geringer die Zwischenüberhitzung ist. Die über den theoretischen Verlust hinausgehenden Wärmeverluste zur Deckung des Mantelbedarfes der Hochdruckzylinderheizung und der Strahlungsverluste besitzen nur geringe Größe.

Im Hochdruckzylinder, Fig. 56, besitzt trotz der niederen Frischdampfüberhitzung die Mantel- und Deckelheizung nur geringe Wirksamkeit. Die Verminderung der Wechselwirkung zwischen Dampf und Wandung beträgt bei Maschine *B* beispielsweise nur 2 bis 3 vH. (Ihre Wirksamkeit hängt unmittelbar mit der Größe der Heizdampfmenge zusammen, vergl. Fig. 55.) Nur Maschine *G* zeigt, vielleicht infolge ihrer wesentlich geringeren Abmessungen, einen stärkeren Einfluß des Dampfmantels.

In dem nicht geheizten Niederdruckzylinder, Fig. 57, bewirkt dagegen die Dampftrocknung und Zwischenüberhitzung im Aufnehmer eine erhebliche Verminderung der Wärmeverluste im Zylinderinnern und ruft besonders bei kleineren Belastungen eine wesentliche Steigerung des Gütegrades hervor, durch

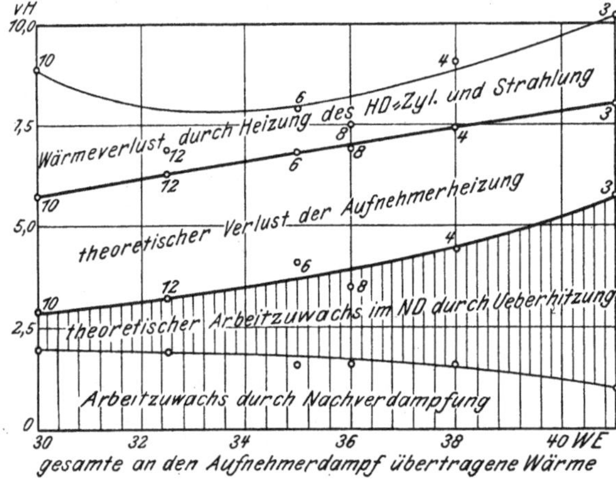

Fig. 55. Wärmebedarf der Aufnehmerheizung im Vergleich zum theoretischen Arbeitzuwachs im ND.-Zylinder.

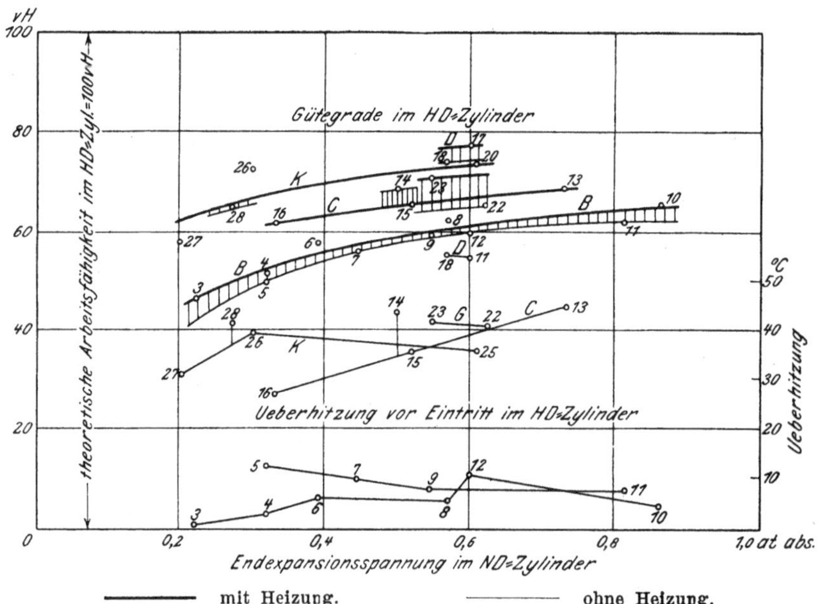

——— mit Heizung.   ——— ohne Heizung.

Fig. 56. Einfluß der HD.-Mantel- und Deckelheizung auf die Wärmeausnutzung des HD.-Zylinders.

welche die bereits aus Fig. 54 ersichtliche, mit steigender Wärmeübertragung am Aufnehmer zunehmende Verschiebung in der Leistungsverteilung auf beide Zylinder noch verstärkt wird. Unter Bezugnahme auf die Ueberhitzungstemperatur, Fig. 58, erfolgt die Zunahme des Gütegrades nahezu geradlinig und entspricht bei den Maschinen *B*, *D*, *G* und *K* ungefähr 11 vH auf 50° Temperaturzunahme, bei den Maschinen *A* und *C* ist sie etwas geringer. Die absoluten Abmessungen der Niederdruckzylinder scheinen das Ergebnis nicht zu beeinflussen. Es tritt also hier im Gegensatz zu den früher mitgeteilten Versuchen eine Erhöhung des Gütegrades ein, die teilweise auf die Abnahme der Leistung mit steigender Ueberhitzung zurückzuführen ist. Da nämlich die Wärmeverluste im Zylinderinnern, die in Fig. 57 im Interesse der Deutlichkeit nur für Betrieb mit Heizung eingetragen wurden, mit abnehmender Belastung stark zunehmen, wächst gleichzeitig die Wirksamkeit der Ueberhitzung in Beschränkung

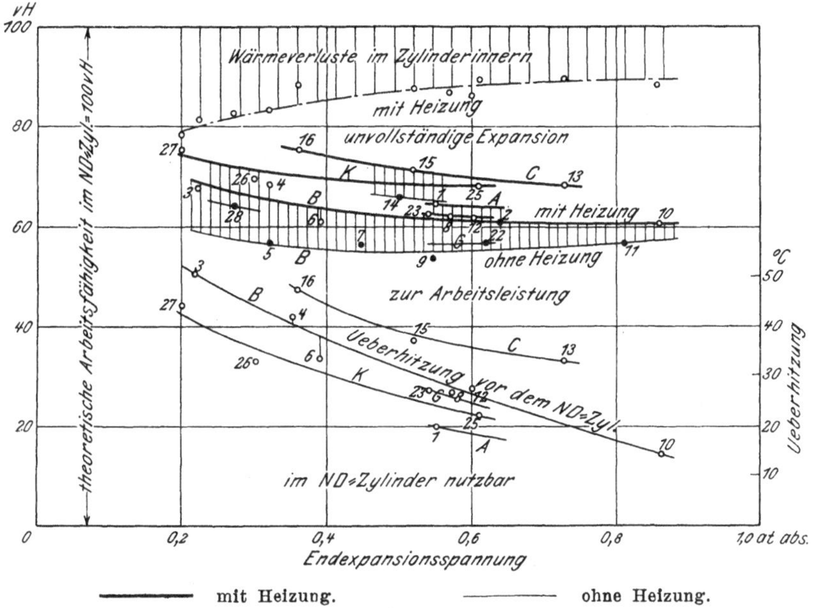

Fig. 57. Einfluß der Aufnehmerheizung auf die Wärmeausnutzung (Gütegrade) des ND.-Zylinders, bezogen auf die Endexpansionsspannung.

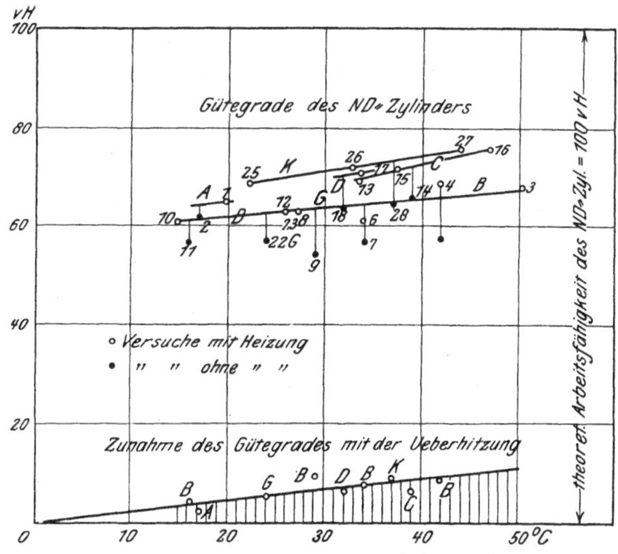

Fig. 58. Gütegrade des ND.-Zylinders, bezogen auf die Höhe der Ueberhitzungstemperatur am ND.-Eintritt. (Die Versuchsergebnisse ohne Heizung und Zwischenüberhitzung wurden vergleichsweise an den Stellen eingetragen, an denen mit Zwischenüberhitzung die gleiche Belastung vorhanden ist.)

dieser Verluste in ähnlicher Weise, wie die Wirksamkeit der Zylinderheizung mit abnehmender Belastung zunimmt. Die Zunahme bes Gütegrades tritt daher in den vorliegenden Versuchen in wesentlich stärkerem Maße in Erscheinung als in Versuchen mit unveränderter oder zunehmender Belastung bei steigender Ueberhitzung. Die Steigerung der Ueberhitzung bei kleineren Belastungen und die dadurch bewirkte Vergrößerung der Nutzarbeit des Niederdruckzylinders bei diesen Belastungen ermöglicht bei Betrieb mit Aufnehmerheizung die Erhaltung einer gewissen Unveränderlichkeit des Gesamtwärmeverbrauches in weiten Belastungsgrenzen, Fig. 55.

Die bedeutende Erhöhung der Nutzleistung des Niederdruckzylinders durch die Zwischenüberhitzung ist von einer Wärmeersparnis für die Maschine nur begleitet, wenn sie den Wärmeverlust zur Erzeugung der Ueberhitzungswärme überschreitet. Dieser Wärmeverlust nimmt, wie Fig. 55 erkennen läßt, mit steigender Ueberhitzung ab. Bei sehr geringer Zwischenüberhitzung ist er verhältnismäßig groß, so daß er hier unter Umständen, wie in Maschine *A*, die Verminderung der Wärmeverluste im Zylinderinnern überschreitet. Erst für eine Ueberhitzung von ungefähr 30^0 an zeigen die Versuchsergebnisse eine Verminderung des Wärmeverbrauches, dessen Höhe von dem Verhalten der Maschine abhängig ist. Im Gebiete normaler Belastung beträgt die Wärmeersparnis für die wirklich erreichten Ueberhitzungstemperaturen 2 bis 5 vH, bei kleineren Belastungen steigt sie infolge Zunahme der Zwischenüberhitzung auf 3 bis 8 vH. Bei Beurteilung dieser Zahlenwerte ist nicht zu übersehen, daß die Maschinen ursprünglich für den Betrieb mit Zwischenüberhitzung gebaut sind und daß das Zylinderverhältnis auch dem durch die Zwischenüberhitzung vergrößerten Arbeitsvolumen des Niederdruckdampfes entsprechend gewählt ist (HD : ND im Mittel 1 : 4,5). Auch wird der Betrieb ohne Heizung ungünstig beeinflußt durch größere Strahlungsverluste am Zwischenüberhitzer, der nicht wie in den oben mitgeteilten Versuchen an der liegenden Verbundmaschine von Gebrüder Stork ausgeschaltet werden konnte.

4) Versuche an einer liegenden Verbund-Corliss-Maschine von 600 PS Leistung von C. & G. Cooper & Co.

Zur Kennzeichnung der Wirksamkeit der Aufnehmerheizung bei gleichzeitiger oder fehlender Heizung der Zylindermäntel seien Versuche von Barrus[1] mitgeteilt, die im Januar 1902 an einer liegenden Verbund-Corliss-Maschine der Atlantic Mills in Providence ausgeführt wurden.

Hauptabmessungen der Maschine.

		Hochdruck	Niederdruck
Zylinderdurchmesser	mm	408	1018
Kolbenstangendurchmesser . .	»	82,5	124
Hub	»	1219	
schädlicher Raum	vH	4,3	5,0
Zylinderverhältnis		1 : 6,29.	

Bemerkenswert ist das außerordentlich große Zylinderverhältnis, das etwa dem Verhältnis zwischen größtem und kleinstem Zylinder von Dreifach-Expansionsmaschinen entspricht. Die Versuche beziehen sich auf Betrieb ohne Heizung, Heizung beider Zylindermäntel und der Aufnehmerröhren, sowie Heizung

---

[1] Engineering Record 1902 II Bd. 46 S. 486.

des Aufnehmers allein durch ruhenden Dampf. Die Versuchsbeobachtungen sind in Zahlentafel 7 eingetragen.

Zahlentafel 7. Verbund-Corliss-Maschine $\dfrac{408 \cdot 1018}{1219}$; $n = 80$
von C. and G. Cooper and Co.

	1) ohne Heizung	2) mit Heizung der Aufnehmer-röhren allein	3) mit Heizung von HD.- und ND.-Mantel und Aufnehmer
Versuchsdauer . . . . st	4	4	4
Dampfdruck vor der Maschine . . at abs.	13,09	13,11	12,⁹2
im Aufnehmer . . . . » »	1,93	1,935	1,ᵘ4
Gegendruck im ND.-Zylinder . . » »	0,086	0,065	0,ᵛ65
Dampftemperatur vor der Maschine ⁰C	212	214	212,ᵛ
vor ND.-Zylinder . . . . . . »	117	138	137,ᵛ
Ueberhitzung vor der Maschine . . »	21	23	22,ᵛ
vor ND.-Zylinder . . . . . . »	gesätt.	19,5	19,ᵛ
minutl. Umdrehungen	80,07	80,23	80, 3
Füllung in vH des Hubvolumens HD. . .	28,5	27,8	24 1
ND. . .	24,8	28,1	27'4
End Expansionsspannung p_z . . . . at abs.	0,38	0,382	0'382
indizierte Leistung: HD. . . . . PSi	307,7 = 53,5 vH	277,0 = 48,4 vH	276,7 = '38,3 vH
ND. . . . . »	267,1 = 46,5 »	296,0 = 51,6 »	297,6 = 41,7 »
gesamt . . . »	574,8	573,0	57453
Dampfverbrauch für 1 PSi-st . . kg	5,041	5,008	5,092
Wärmeverbrauch » » » . . WE	3443	3429	3478,
Heizungs-Kondensate . . . . vH	—	10,3	13,5
Aufnehmer-Entwässerung . . . . . »	3,7	—	

Wärmeverteilung für 1 kg Dampf in WE und vH.	WE	vH	WE	vH	WE	vH
gesamte theoretische ausnutzbare Wärme . .	183,2	100,0	191,8	100,0	190,2	100,0
ausgenutzte Wärme	125,4	68,5	126,1	65,8	124,2	65,4
Heizungsaufwand	—	—	19,7	10,3	25,7	13,5
Verlust durch unvollständige Expansion . .	19,0	10,4	22,7	11,8	21,0	11,0
Wärmeverluste in den Zylindern	38,8	21,1	23,3	12,1	19,3	10,1

Die Versuche wurden bei annähernd gleicher Eintrittspannung und Temperatur ausgeführt, die Kondensatorspannung ist bei Betrieb ohne Heizung etwas höher als bei Betrieb mit Heizung, die Endexpansionsspannungen stimmen in allen Versuchen fast genau überein. Die Aufnehmerheizung bedingt bei einem Aufwande von rd. 10 vH des Gesamtdampfverbrauches eine Trocknung des Dampfes und Zwischenüberhitzung auf 19⁰ sowie eine Vergrößerung der Niederdruckleistung von 46,5 vH der Gesamtleistung auf 51,6 vH, also um 13 vH der Leistung ohne Zwischenüberhitzung. Die aus den Wärmeverbrauchziffern berechnete Wärmeersparnis durch Zwischenüberhitzung ist mit 0,4 vH praktisch bedeutungslos und, wie die Wärmebilanz erkennen läßt, vielmehr in der Steigerung des Vakuums als in der Zwischenüberhitzung begründet. Die Verminderung der Wärmeverluste in den Zylindern von 21,1 auf 12,1 vH als Folge der Zwischenüberhitzung erweist sich nämlich nicht als ausreichend gegenüber dem mit 10,3 vH sehr bedeutenden Wärmeaufwand zur Erzeugung der Aufnehmerheizung, so daß der Gütegrad von 68,5 auf 65,8 vH sinkt (Versuch 1 und 2). Mantelheizung (Versuch 3) bewirkt eine weitere Verminderung der Wärmeverluste im Zylinderinnern auf 10,1 vH, der aber ein entsprechend größerer Heizaufwand gegenübersteht, so daß sich der Gesamtgütegrad etwas vermindert. Die durch Mantelheizung zu erzielende geringe Verbesserung genügt somit nicht zur Deckung des mit ihr verbundenen Heizungsaufwandes.

Die Versuchsergebnisse an dieser mit außergewöhnlich großem Niederdruckzylinder arbeitenden Maschine zeigen in vollkommener Uebereinstimmung
mit den vorhergehenden Versuchsergebnissen an der stehenden Großdampfmaschine *A*, daß bei geringer Zwischenüberhitzung (19°) die Veränderung der
Wärmeverluste im Niederdruckzylinder nicht zur Erzielung eines wirtschaftlichen Ergebnisses ausreicht in Rücksicht auf den bedeutenden Wärmeaufwand
zur Erzeugung der Dampftrocknung und Ueberhitzung. Die Mantelheizung am
Hochdruck- und Niederdruckzylinder bedingt bei gleichzeitiger Aufnehmerheizung zwar eine geringfügige Verbesserung des Arbeitsvorganges im Zylinder,
aber keine Verminderung des Gesamtwärmeverbrauches.

Schlußfolgerungen.

Mit der aus theoretischen Erwägungen gewonnenen Erkenntnis, daß die
Zwischenüberhitzung mit einem über den Arbeitzuwachs im Niederdruckzylinder
hinausgehenden Verlust an Arbeitsfähigkeit des Frischdampfes verbunden ist
(S. 4), und daß dieser Arbeitzuwachs nur wenige Prozent der Gesamtarbeit
beträgt (S. 3), wird ersichtlich, daß die durch sie erreichbare theoretische
Leistungssteigerung bedeutungslos ist. Die Zunahme des arbeitenden Dampfvolumens im Niederdruckzylinder muß sogar praktisch als Nachteil empfunden
werden, weil sie ungewöhnlich große Niederdruckzylinder-Abmessungen erforderlich macht, wenn eine empfindliche Beeinträchtigung der Expansionsfähigkeit vermieden werden soll.

Die praktische Bedeutung der Zwischenüberhitzung ist wesentlich nur
darin zu suchen, daß sie die Kondensationsverluste im Niederdruckzylinder
beschränkt, und damit geeignet erscheint, in bestimmten Fällen an Stelle der
Mantelheizung des Niederdruckzylinders zu treten. Die mitgeteilten Versuchsergebnisse lassen erkennen, daß diese Wirksamkeit der Zwischenüberhitzung
nur bei niedriger Frischdampftemperatur und nicht geheiztem Niederdruckzylinder in Erscheinung tritt.

Bei hoch überhitztem Frischdampf ist dagegen die Zwischenüberhitzung
von keiner Verbesserung der Wärmeausnutzung des Niederdruckzylinders begleitet, und zwar unabhängig davon, ob der Zylinder mit Dampfmantel versehen
ist oder nicht, wie die fast vollkommene Uebereinstimmung des Diagrammver-
laufes in den Fig. 37 bis 42 und 48 bis 57 sowie der Gütegrade des Niederdruckzylinders für die Ventilmaschinen von Gebr. Stork in Hengelo (Zahlentafel 2) und Gebr. Sulzer in Winterthur (Zahlentafel 5) erkennen lassen. Es kann
somit ausgesprochen werden, daß unter den Betriebsverhältnissen, unter denen
sich erfahrungsgemäß die Mantelheizung am Niederdruckzylinder als unwirksam
erweist, auch die Heizung und Zwischenüberhitzung des Aufnehmerdampfes
keine Verbesserung der Wärmeausnutzung des Niederdruckzylinders herbeizuführen vermag.

Die Wirksamkeit der Zwischenüberhitzung beschränkt sich bei Betrieb mit
hochüberhitztem Frischdampf auf die Erhöhung der theoretischen Arbeitsfähigkeit vor dem Zylinder und bedingt wirtschaftlich eine Verschlechterung des
Wärmeverbrauchs der Maschine infolge der mit ihr verbundenen Wärmeverluste,
welche sich aus dem theoretischen Verluste (dem Unterschiede der Verminderung der Arbeitsfähigkeit des Frischdampfes in beiden Zylindern und dem
theoretischen Arbeitzuwachs im Niederdruckzylinder) und aus den Strahlungsverlusten des Frischdampfes am Aufnehmer zusammensetzen.

Diese Verluste stellen sich in ihrer Gesamtheit ungünstiger als der Wärmebedarf der Mantelheizung, wie die Gegenüberstellung des theoretischen Wärmebedarfes der Aufnehmerheizung und des Bedarfes der Mantelheizung des Niederdruckzylinders in Fig. 59 erkennen läßt.

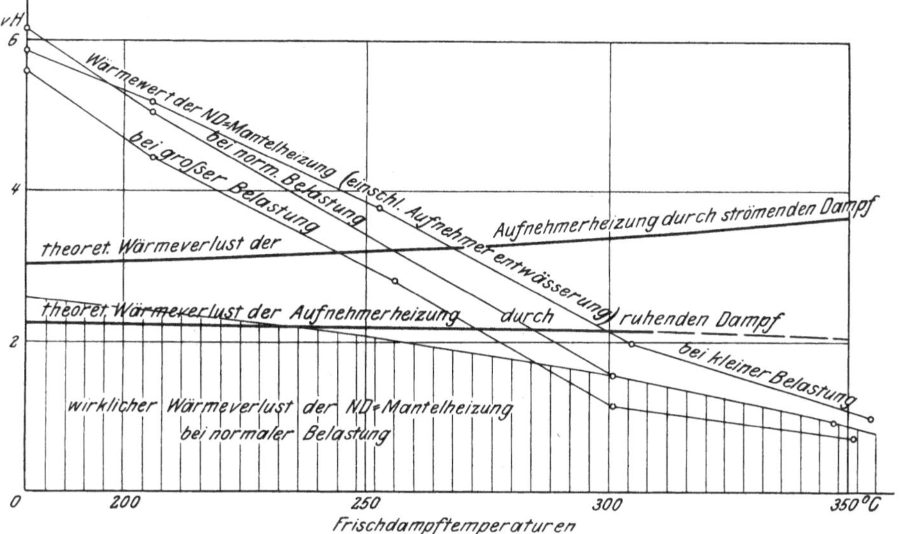

Fig. 59. Vergleich der theoretischen Wärmeverluste der Aufnehmerheizung bei einer Uebertragung von 20 WE mit dem wirklichen Mantelbedarf der ND.-Zylinderheizung einer liegenden 250 PS-Tandemmaschine.

Der theoretisch mit der Zwischenüberhitzung verbundene Arbeitsverlust wurde dabei für eine Wärmeübertragung von 20 WE auf 1 kg Dampf berechnet, entsprechend einer Temperaturerhöhung von 42°. Der Bedarf der Mantelheizung wurde Versuchen von Vinçotte an einer 250 pferdigen Tandemmaschine von Van den Kerchove entnommen[1]). (Es sei erwähnt, daß dies die einzigen auf ein weiteres Temperatur- und Belastungsgebiet ausgedehnten Beobachtungen über den Mantelbedarf im Niederdruckzylinder sind, und daß sie in den Zahlenwerten meist etwas über die in Einzelbeobachtungen an verschiedenen Maschinen festgestellten Ziffern hinausgehen.)

Nur bei geringer Frischdampftemperatur und Heizung durch ruhenden Dampf bleibt der theoretische Arbeitsverlust der Aufnehmerheizung etwas hinter dem Bedarf der Mantelheizung zurück. Bei höheren Frischdampftemperaturen und bei Heizung durch strömenden Dampf ist dagegen der Bedarf der Aufnehmerheizung erheblich größer, insbesondere, wenn berücksichtigt wird, daß mit steigender Frischdampftemperatur auch die Strahlungsverluste, die in dieser Vergleichsdarstellung nicht berücksichtigt sind, stark zunehmen.

Die Zwischenüberhitzung besitzt daher in Verbindung mit hoch überhitztem Dampf im allgemeinen keine wirtschaftliche Bedeutung. Sie kann einen beschränkten wirtschaftlichen Wert nur in solchen Anlagen gewinnen, bei denen im Kessel hohe Temperaturen zur Verfügung stehen, die aus betriebstechnischen Gründen im Hochdruckzylinder nicht zugelassen werden können, um durch Uebertragung an den Aufnehmerdampf einen Teil der überschüssigen Wärme dem Arbeitsvorgang nutzbar zu machen.

Bei Betrieb mit gesättigtem oder schwach überhitztem Dampf ist dagegen die Zwischenüberhitzung als ungefähr gleichwertig der Zylindermantelheizung

<hr>

[1]) Van der Stegen, les Machines à vapeur surchauffées, Gent 1904. Es ist dieselbe Maschine, welche von Prof. Schröter und Dr.-Ing. Koob untersucht wurde, Zeitschrift des Vereins deutscher Ingenieure 1903 S. 1281.

zu betrachten, wenn die Anordnung der Aufnehmerheizung durch Verwendung der Heizung mit ruhendem Dampf nur mit geringen Verlusten verbunden ist, wie in den unter 3 mitgeteilten Versuchen an amerikanischen Großdampfmaschinen, deren Zylinderverhältnis dem durch Zwischenüberhitzung vergrößerten Arbeitsvolumen des Niederdruckdampfes entsprechend gewählt ist (S. 50). Aber auch bei diesen in Anpassung an die günstigsten Betriebsverhältnisse mit Zwischenüberhitzung ausgeführten Maschinen wird bemerkenswerterweise eine Wärmeersparnis durch Zwischenüberhitzung nur dann erreicht, wenn letztere eine gewisse Höhe (etwa 30°) überschreitet, während bei geringerer Ueberhitzung die Verminderung der Eintrittkondensationsverluste im Niederdruckzylinder nicht zur Deckung des Wärmeaufwandes der Aufnehmerheizung ausreicht (vergleiche Versuche an Maschine A, S. 45 und 4, S. 50).

Die ungefähre Gleichwertigkeit der Zwischenüberhitzung und der Mantelheizung muß dazu führen, in allen den Fällen die Mantelheizung zu bevorzugen, in denen die Größenverhältnisse des Niederdruckzylinders eine wirksame Heizung ohne zu großen Mantelaufwand ermöglichen. Für Maschinen kleiner und mittlerer Größe ist daher die Mantelheizung zweifellos wirtschaftlich überlegen. Nur bei sehr großen Maschinen, bei denen erfahrungsgemäß die Wirksamkeit der Mantelheizung infolge Zunahme der absoluten Abmessungen sich vermindert, wird die Zwischenüberhitzung unter Umständen eine günstigere Beeinflussung des Arbeitsvorganges ermöglichen. Dazu kommt, daß bei sehr großen Maschinen bisweilen aus konstruktiven Rücksichten der Wegfall des Zylindermantels wünschenswert erscheint. Die Zwischenüberhitzung bleibt somit bei Betrieb mit gesättigtem oder schwach überhitztem Frischdampf beschränkt auf Großdampfmaschinen mit nicht geheizten Niederdruckzylindern, deren Abmessungen die Grenze überschreiten, innerhalb deren ein wirtschaftlicher Nutzen der Mantelheizung möglich ist. Diese Grenze dürfte praktisch höher liegen, als früher angenommen wurde, da in neuerer Zeit auch für Schiffsmaschinen größter Leistungseinheit die Mantelheizung des Niederdruckzylinders wieder aufgenommen wurde, also jedenfalls nach den praktischen Erfahrungen mit wirtschaftlichen Vorteilen verbunden ist. Die gleichzeitige Verwendung der Zwischenüberhitzung und Mantelheizung erweist sich nicht als wirtschaftlich.

Aus der vorliegenden Studie ist zu ersehen, daß die Erwartungen, welche seinerzeit auf die wirtschaftliche Wertigkeit der Zwischenüberhitzung durch Frischdampf gesetzt wurden, nicht in Erfüllung gegangen sind, und daß die ihr anhaftenden theoretischen Nachteile auch in ihrer praktischen Anwendung in Erscheinung treten.

Es erübrigt noch darauf hinzuweisen, daß zur Erzeugung einer ausreichenden Zwischenüberhitzung beträchtliche Heizflächen notwendig sind, die kostspielige Ueberhitzerkonstruktionen erfordern, so daß selbst die günstigenfalls zu erzielende Wärmeersparnis kaum im Verhältnis zu den Aufwendungen und Betriebserschwerungen stehen dürfte.

Die auszuführende Heizfläche der Zwischenüberhitzer ist aus der auf das Quadratmeter übertragenen Wärme zu bestimmen, deren Größe naturgemäß von dem Temperaturgefälle abhängig ist. Die Wärmeübertragung auf 1 qm Heizfläche betrug bei den Versuchen an der liegenden Verbundmaschine von Gebr. Stork 700 bis höchstens 3000 WE für mittlere Leistung und hohe Frischdampfüberhitzung, bei den Versuchen des B. R. V. an der liegenden Tandemmaschine 1900 WE für normale Belastung und in den amerikanischen Versuchen 1500 bis 5000 WE bei zunehmender Belastung und Heizung durch ruhenden, schwach überhitzten Dampf.

Zweiter Abschnitt.

Zwischenüberhitzung durch Rauchgase.

Die Ueberhitzung des Aufnehmerdampfes durch Rauchgase hat eine Verminderung des Wärmeverbrauchs der Maschine durch Abnahme der Wärmeverluste im Niederdruckzylinder zur Folge, deren Größe von der Temperaturerhöhung im Zwischenüberhitzer und von der Steigerung des Gütegrades im Niederdruckzylinder abhängt. Dieser Wärmeersparnis in der Maschine entspricht aber im allgemeinen nicht eine gleichwertige Verminderung der Brennstoffkosten, da die Rückführung des Dampfes zum Zwischenüberhitzer bei ortfesten Anlagen mit Spannungs- und Wärmeverlusten verbunden ist. Dazu kommt, daß infolge des geringen Druckgefälles im Niederdruckzylinder die durch Nachüberhitzung aufgenommene Rauchgaswärme durch Expansion nur wenig ausgenutzt werden kann, im Gegensatz zu der dem Hochdruckzylinder zugeführten ersten Ueberhitzungswärme. Die Anwendung eines besonders geheizten Zwischenüberhitzers bei ortfesten Dampfmaschinen läßt daher zwar den Dampf- und Wärmeverbrauch der Maschine vermindern, führt aber erfahrungsgemäß auf eine Erhöhung des Brennstoffaufwandes[1]). Für Anlagen mit getrennten Kesseln und Maschinen hat daher die Rauchgas-Zwischenüberhitzung keinen praktischen Wert. Dagegen hat sie seit dem Jahre 1904 für Lokomobilen allgemeinere Anwendung gefunden, da die durch den Zusammenbau von Kessel und Maschine möglichen geringen Leitungslängen gestatten, die Abgase des Kessels bei niedrigen Druck- und Wärmeverlusten zur Zwischenüberhitzung nutzbar zu machen.

Die Art des Einbaues des Zwischenüberhitzers in die Rauchkammer der Lokomobile gestattet nun nicht, in ähnlicher Weise wie für die Frischdampfheizung, Vergleichsversuche mit und ohne Zwischenüberhitzung durchzuführen, da mit Ausschaltung des Zwischenüberhitzers infolge wesentlicher Erhöhung der Abgastemperaturen der Kesselwirkungsgrad abnimmt, so daß ein einwandfreier Vergleich der geänderten Betriebsverhältnisse unmöglich wird. Die Wirtschaftlichkeit der Zwischenüberhitzung kann daher bei Verbundlokomobilen nur mehr durch rechnerische Ueberlegungen aus dem durch die Ueberhitzung herbeigeführten Arbeitzuwachs im Niederdruckzylinder im Vergleich zu dem Aufwand an Rauchgaswärme im Zwischenüberhitzer beurteilt werden. Die zur Durchführung dieser Ueberlegungen erforderlichen Beobachtungen wurden in den nachstehend mitgeteilten Versuchen an einer Tandem-Heißdampflokomobile bei verschiedenen Belastungen ausgeführt.

Versuche an einer 100pferdigen Heißdampf-Tandemlokomobile
von R. Wolf, Magdeburg-Buckau.

Die Versuche, über deren wichtigste Ergebnisse bereits in der Zeitschrift[2]) berichtet wurde, fanden unter Leitung des Hrn. Geh. Baurat Prof. Gutermuth

---

[1]) Zeitschrift des Vereines deutscher Ingenieure 1905 S. 1473.
[2]) Zeitschrift des Vereines deutscher Ingenieure 1908 S. 1590.

und des Verfassers in der Zeit vom 18. bis 21. März in dem Werke der Firma R. Wolf in Magdeburg-Buckau statt.

Es sei auf folgende Einzelheiten im Bau der Lokomobile, Fig. 60, hingewiesen:

Die beiden Ueberhitzer sind leichter Reinigung und guter Führung und Ausnutzung der Heizgase wegen nicht konzentrisch, sondern in der Achse des Rauchrohrbündels hintereinander angeordnet und können nach Lösung der Verbindungsflanschen nach hinten herausgezogen werden. Der Zwischenüberhitzer ist zur Erzielung möglichst geringer Druckverluste beim Uebergang vom

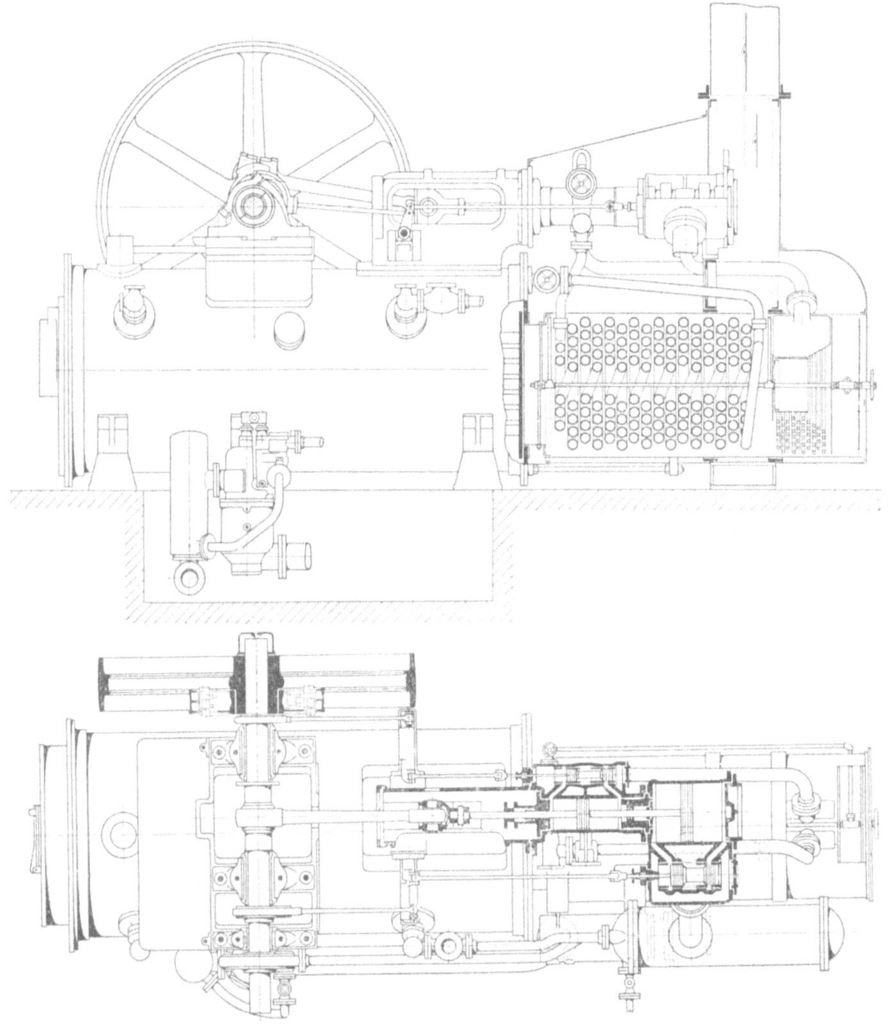

Fig. 60.

Hochdruck- zum Niederdruckzylinder als Kammerüberhitzer ausgebildet. Durch Anwendung sehr enger Rohre wird große Heizfläche bei kleinem Aufnehmervolumen erzielt. Mechanische Einrichtungen bei der Heizgasführung an den Ueberhitzern zur Veränderung der Dampftemperaturen sind aus betriebstechnischen Gründen absichtlich vermieden. Die beiden durch ein kurzes Zwischenstück mit Innenstopfbüchse miteinander verbundenen Dampfzylinder, von denen der Hochdruckzylinder an der Rundführung liegt, haben keine Heizmäntel und sind derartig im erweiterten Aufbau der Rauchkammer angeordnet, daß sie von den zum Schornstein ziehenden Rauchgasen umspült werden. Auch sämtliche Verbindungsleitungen zwischen Ueberhitzern und Dampfzylindern sind zur Vermeidung von Strahlungs- und Wärmeverlusten innerhalb der Rauchkammer angeordnet. Die Steuerung beider Zylinder erfolgt durch einfache Kolbenschieber mit Dichtungsringen.

Hauptabmessungen.

Kessel: Heizfläche, feuerberührt . . . . qm 21,18
         » , wasserberührt . . . . » 22,82
Rostfläche (0,816 m lang, 0,83 m breit) . . . . » 0,676
      » bei Versuch 3 verkleinert auf . . . » 0,555
erster Ueberhitzer: Heizfläche . . . . » 19,0
zweiter » : » . . . . » 6,3
Vorwärmer: » . . . . » 3,8
Dampfmaschine: Durchmesser des Hochdruckzylinders mm 200,5
      » » Niederdruck- » » 380,9
Kolbenhub . . . . » 400
Durchmesser der Kolbenstangen . . . . . . » 50
schädlicher Raum im Hochdruckzylinder . . . vH 5,0
    » » » Niederdruckzylinder . . . » 5,5
Zylinderverhältnis . . . . » 1 : 3,81.

Versuchseinrichtungen und Meßverfahren.

Der Kessel wurde mit Steinkohle der Zeche Dannenbaum von 7716 WE Heizwert gefeuert. Die von der Lokomobile erzeugte Arbeit wurde bei gewöhnlicher Leistung von zwei, bei größter Leistung von drei Bandbremsen aufgenommen, die auf besonderer Vorgelegewelle montiert waren, welche von einem der als Riemenscheiben ausgebildeten Schwungräder angetrieben wurde. Die Umdrehungen der Schwungradwelle und der Vorgelegewelle wurden durch Umlaufzähler halbstündlich beobachtet. Zur Ermittlung der indizierten Leistung dienten vier Maihak-Indikatoren mit Außenfedern. Die Dampfzylinder wurden viertelstündlich indiziert. Zur Messung der Temperaturen vor und hinter dem Hoch- und Niederdruckzylinder, des Speisewassers am Ein- und Austritt des Vorwärmers, sowie der Rauchgase hinter beiden Ueberhitzern, in der Zylindermantelung und im Schornstein wurden Quecksilberthermometer und zur Beobachtung der Kessel- und Kondensatorspannung Kontrollmanometer benutzt. Die Eichung der Thermometer erfolgte aus der Beobachtung ihrer Angaben in den gesättigten Dämpfen verschiedener Flüssigkeiten. Druck- und Temperaturbeobachtungen fanden alle 10 Minuten statt.

Versuchsergebnisse.

Die Versuche zeigten große Gleichmäßigkeit in bezug auf Belastung, Speisewasser- und Kohlenverbrauch und Temperaturen, so daß mehrere Zwischenabschlüsse während eines jeden Versuches ausgeführt werden konnten. Zur Beurteilung des Versuchverlaufes dient die Wiedergabe der wichtigsten Beobachtungswerte der drei Hauptversuche in den Fig. 61 bis 63. Eine vierstündige Wiederholung des Versuches mit größter Belastung führte zu fast genau übereinstimmenden Ergebnissen wie Versuch 1. Zahlentafel 8 enthält die wichtigsten Beobachtungs- und Rechnungswerte für den Kessel.

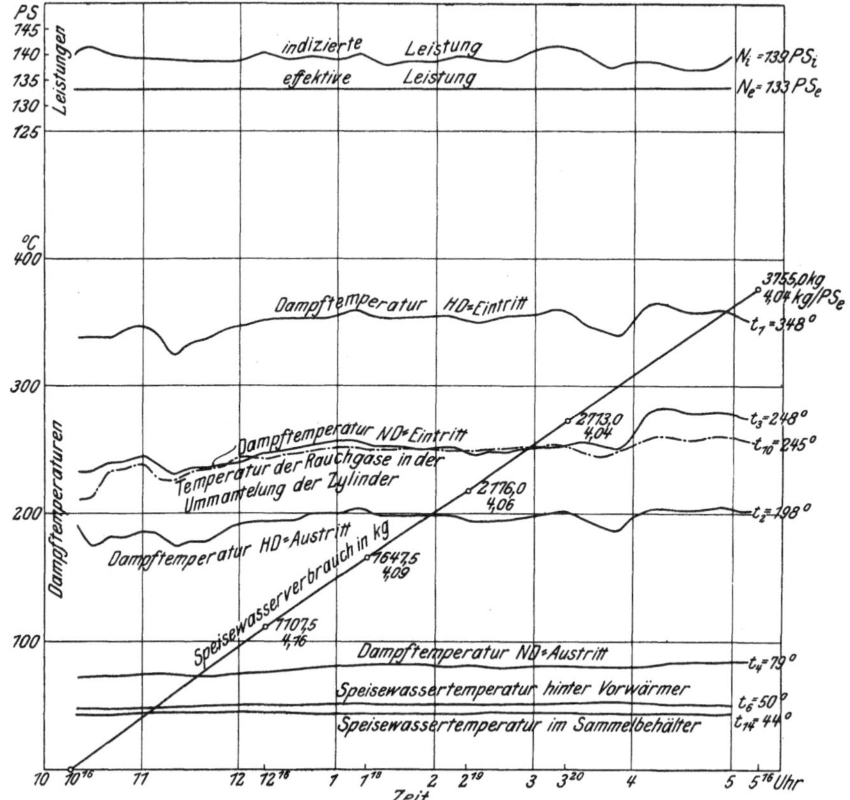

Fig. 61. Versuch 1. Größte Belastung.

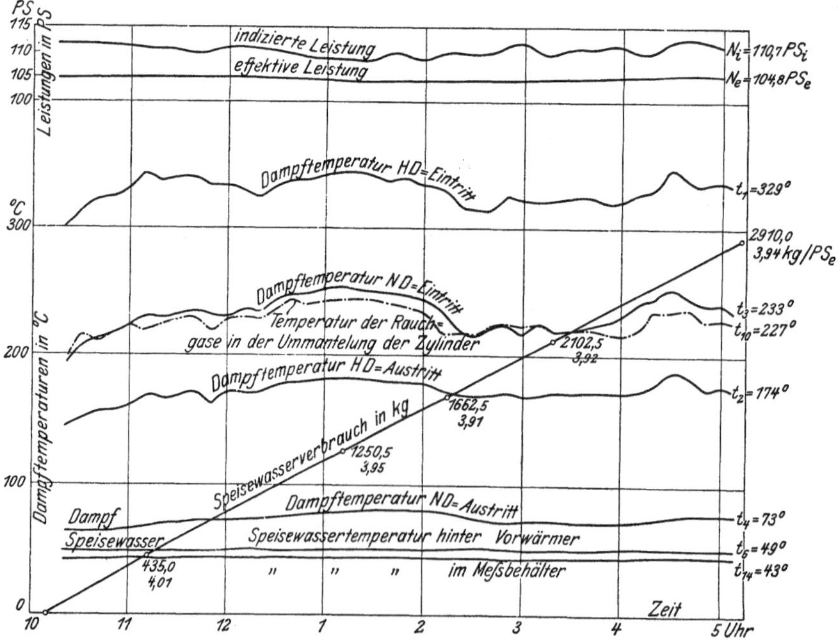

Fig. 62. Versuch 2. Normale Belastung.

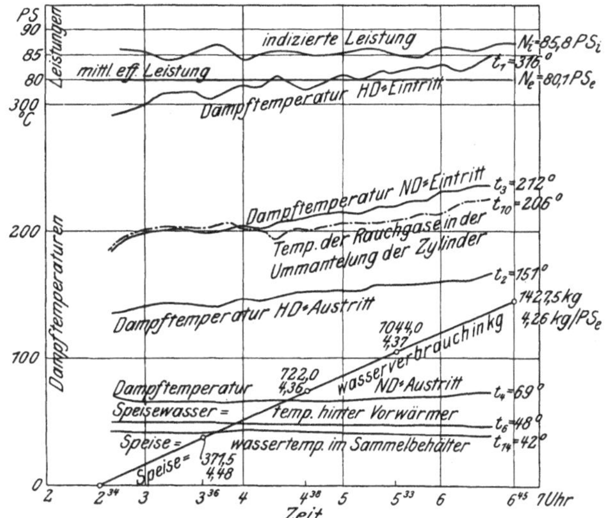

Fig. 63. Versuch 3. Kleine Belastung.

Zahlentafel 8. Heißdampf-Tandem-Lokomobile: Kessel.

Nummer des Versuches		1	2	3
Dauer des Versuches	st min	7 0	7 5	4 9
Kesselspannung	at abs.	16,15	16,15	16,15
Temperatur des gesättigten Dampfes	°C	200	200	200
Dampftemperatur hinter dem ersten Ueberhitzer (vor Eintritt in den HD.-Zylinder)	»	**348**	**329**	**316**
Ueberhitzung hinter dem ersten Ueberhitzer	»	148	129	116
Dampfspannung vor dem zweiten Ueberhitzer	at abs.	2,7	2,0	1,6
Temperatur des gesättigten Dampfes	°C	127	120	113
Dampftemperatur vor dem zweiten Ueberhitzer (nach Austritt aus dem HD.-Zylinder)	»	198	174	151
Dampftemperatur hinter dem zweiten Ueberhitzer (vor Eintritt in den ND.-Zylinder)	»	**248**	**233**	**212**
Ueberhitzung hinter dem zweiten Ueberhitzer	»	121	113	99
Zunahme der Dampftemperatur im zweiten Ueberhitzer	»	50	59	61
Temperatur des Dampfes beim Austritt aus dem ND.-Zylinder	»	79	73	69
von 1 kg Dampf anfgenommene Wärme:				
1) im Kessel: Temperaturerhöhung von der Speisewassertemperatur auf 200° Dampftemperatur	WE	621	622	623
2) Ueberhitzungswärme im ersten Ueberhitzer	»	80	71	64
3) » » zweiten »	»	24	28	29
gesamte im Kessel und in den beiden Ueberhitzern an 1 kg Speisewasser abgegebene Wärme	»	**725**	**721**	**716**
in 1 kg Speisewasser enthaltene Wärme	»	50	49	48
unter Berücksichtigung des Wärmewertes des Speisewassers in 1 kg Dampf enthaltene und durch Zwischenüberhitzung aufgenommene Wärme	»	775	770	764
Kohlenverbrauch: gesamt	kg	459,6	352,0	168,0
»	kg/st	65,6	49,6	40,5
Speisewasserverbrauch	»	536,1	412,8	341,0
» für 1 qm Kesselbeizfläche	»	**23,5**	**18,1**	**14,9**
Verdampfung für 1 kg verheizter Kohle (brutto)	kg	8,18	8,32	8,42
nutzbar gemacht von 1 kg Kohle:				
zur Verdampfung	WE	5085	5170	5240
» ersten Ueberhitzung	»	655	589	540
» zweiten »	»	195	233	241
zusammen	»	5935	5992	6021
bei einem Heizwert der Kohle von rund	»	7716	7716	7716
also Kesselwirkungsgrad	vH	**76,9**	**77,7**	**78,1**

Der Nutzeffekt des Kessels ergibt sich hiernach zu rd. 78 vH, von denen im Mittel 67 vH auf die Dampferzeugung entfallen, während der erste Ueberhitzer 8, der zweite Ueberhitzer 3 vH des Heizwertes nutzbar machen. Bemerkenswert ist die Unveränderlichkeit des Kesselwirkungsgrades, die durch den Ausgleich hervorgerufen wird, der in der Ausnutzung der Rauchgase bei verschiedenen Belastungen dadurch eintritt, daß bei hoher Belastung und etwas geringerer Verdampfung im Kessel höhere Ueberhitzungswärmen erzeugt werden, während bei geringerer Belastung die Ueberhitzung etwas abnimmt unter gleichzeitiger Steigerung der Sattdampferzeugung.

Für die Maschine ergaben sich die folgenden wichtigsten Versuchs- und Rechnungswerte (Zahlentafel 9).

Zahlentafel 9. Heißdampf-Tandem-Lokomobile: Dampfmaschine.

		größte Belastung	mittlere Belastung	kleine Belastung
Versuchsnummer		1	2	3
minutl. Umdrehungen der Vorgelegewelle		237,4	238,2	238,1
Bremsleistung der Vorgelegewelle	PS_e	127,8	100,7	77,0
effektive Leistung der Lokomobile	»	**133,0**	**104,8**	**80,1**
minutl. Umdrehungen der Lokomobile		235,8	236,6	236,2
End-Expansionsspannung im ND.-Zylinder	at abs.	0,75	0,60	0,44
Kondensatorspannung	» »	0,13	0,13	0,10
indizierte Leistung im HD.-Zylinder DS.	PS_i	36,1	31,2	23,5
» » » HD. » KS.	»	33,0	29,0	24,5
» » » ND. » DS.	»	35,5	26,4	20,0
» » » ND. » KS.	»	34,4	24,1	17,8
indizierte Gesamtleistung	»	139,0	110,7	85,8
Dampfverbrauch für 1 PS_i-st	kg	**3,85**	**3,73**	**3,92**
Wärmeverbrauch für 1 PS_i-st	WE	2984	2872	2995
Dampfverbrauch für 1 PS_e-st	kg	4,04	3,95	4,26
Kohlenverbrauch » 1 »	»	**0,494**	**0,474**	**0,506**
thermischer Wirkungsgrad der Dampfmaschine	vH	21,2	22,0	21,2
» » » Gesamtanlage	»	16,6	17,3	16,2
Wärmeausnutzung für 1 kg Dampf.				
Bei adiabat. Expansion theoret. ausnutzbare Wärme				
im HD.-Zylinder	WE	97,5	106,8	113,5
» ND. »	»	127,1	115,5	112,0
in beiden Zylindern	»	224,6	222,3	225,5
In Nutzarbeit umgewandelte Wärme				
im HD.-Zylinder	WE	82,6	92,5	90,3
» ND. »	»	81,7	77,5	71,1
in beiden Zylindern	»	164,3	170,0	161,4
$\dfrac{\text{ausgenutzte Wärme}}{\text{theoret. ausnutzbare Wärme}}$ für HD.-Zylinder allein	vH	84,7	86,6	79,6
» » ND. » »	»	**64,3**	**67,1**	**63,5**
» » beide Zylinder[1]	»	73,3	76,4	71,6

[1] entspricht nicht genau dem »Gütegrad« der Maschine, da der durch Aufnahme von Verlustwärmen des Hochdruckzylinders entstehende Arbeitzuwachs von der theoretisch ausnutzbaren Wärme nicht in Abzug gebracht wurde.

Bemerkenswert ist der wenig veränderliche Wärmeverbrauch von im Mittel 2950 WE/PS_i-st, bezogen auf 0° Speisewassertemperatur, für Belastungsunterschiede von 60 vH. Dieses günstige Verhalten der Lokomobile erklärt sich daraus, daß mit steigender Belastung die Eintrittüberhitzung zunimmt und dadurch die mit der Erhöhung des Endexpansionsdruckes sich ergebende Abnahme der Wärmeausnutzung des Dampfes ausgeglichen wird. Die zu den drei Hauptversuchen gehörigen Indikatordiagramme sind in den Fig. 64 bis 69

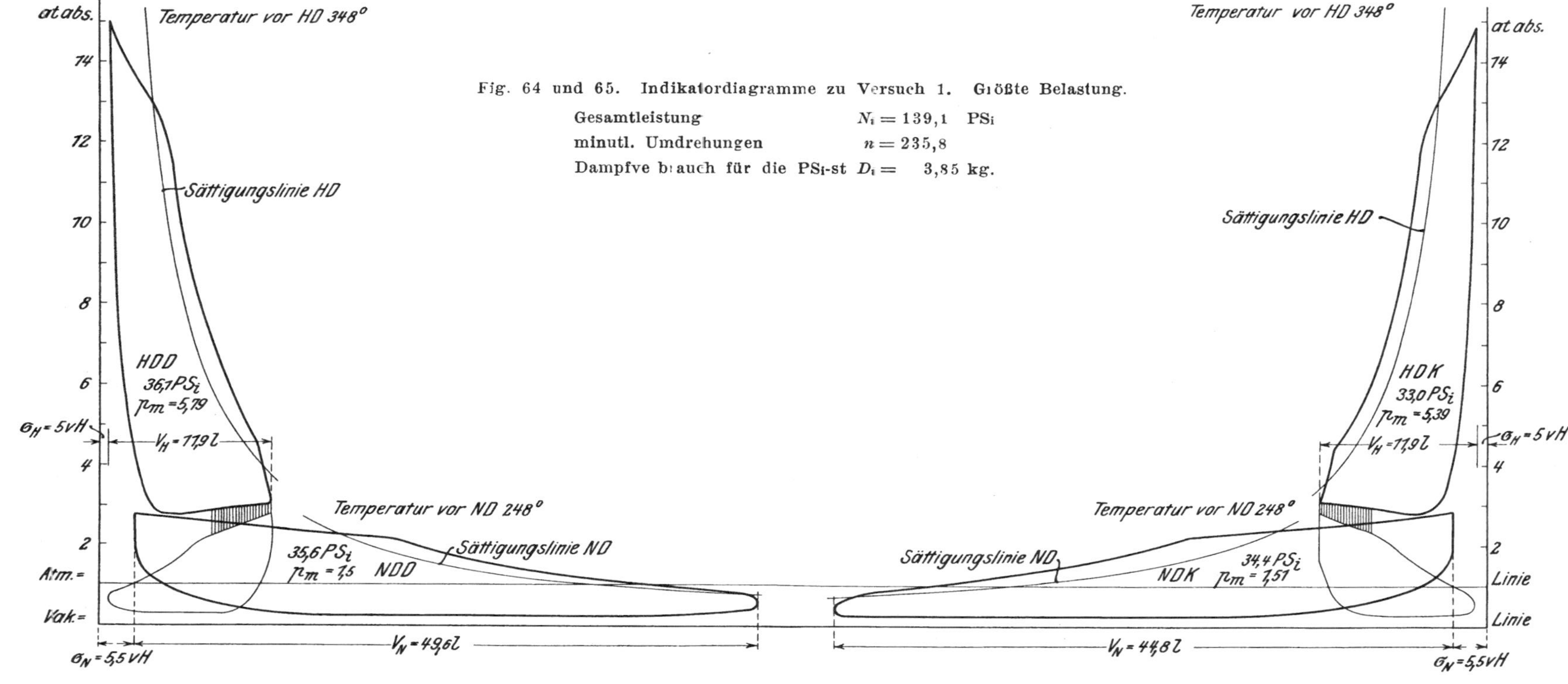

Fig. 64 und 65. Indikatordiagramme zu Versuch 1. Größte Belastung.
Gesamtleistung $N_i = 139,1$ PSi
minutl. Umdrehungen $n = 235,8$
Dampfverbrauch für die PSi-st $D_i = 3,85$ kg.
at abs.
14
12
10
8
6
4
2
Temperatur vor HD 348°
Sättigungslinie HD
HDD
36,1 PSi
$p_m = 5,79$
$\sigma_H = 5 vH$
$V_H = 11,9 l$
Temperatur vor ND 248°
Sättigungslinie ND
35,6 PSi
$p_m = 7,5$
NDD
Atm. =
Vak. =
$V_N = 49,6 l$
$\sigma_N = 5,5 vH$
at abs.
14
12
10
8
6
4
2
Temperatur vor HD 348°
Sättigungslinie HD
HDK
33,0 PSi
$p_m = 5,39$
$\sigma_H = 5 vH$
$V_H = 11,9 l$
Temperatur vor ND 248°
Sättigungslinie ND
NDK
34,4 PSi
$p_m = 7,51$
Linie
Linie
$V_N = 44,8 l$
$\sigma_N = 5,5 vH$

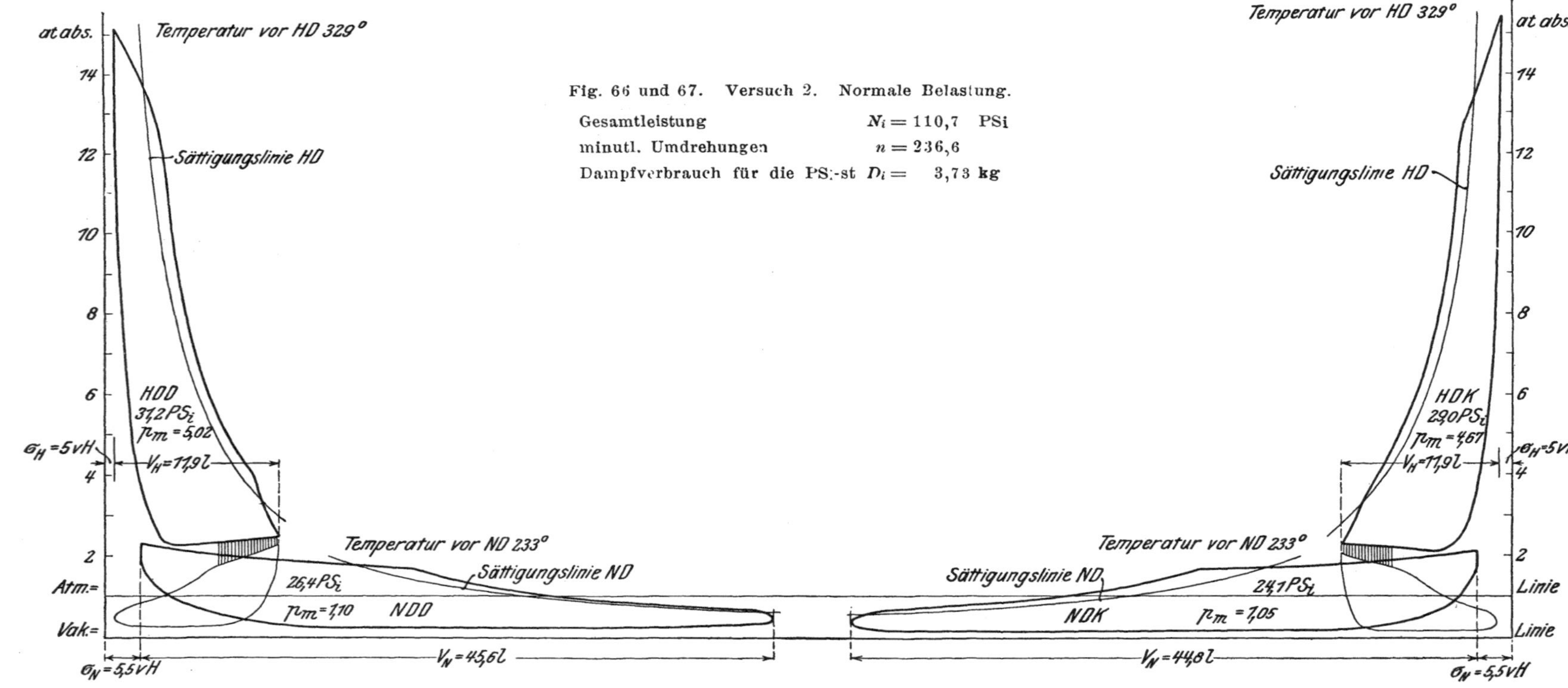

Fig. 66 und 67. Versuch 2. Normale Belastung.

Gesamtleistung $N_i = 110{,}7$ PSi
minutl. Umdrehungen $n = 236{,}6$
Dampfverbrauch für die PS;-st $D_i = 3{,}73$ **kg**

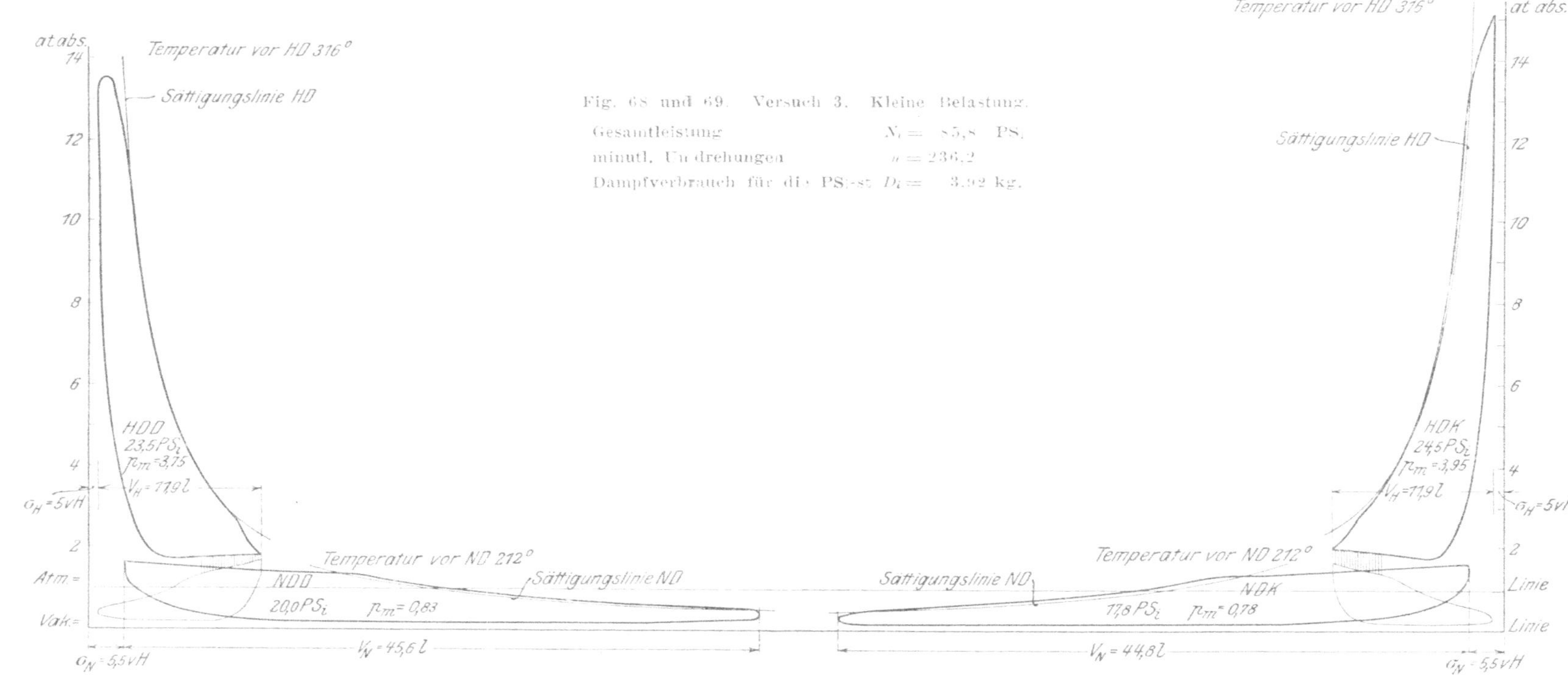

Fig. 68 und 69. Versuch 3. Kleine Belastung.

Gesamtleistung $N_i = 85,8$ PS.

minutl. Undrehungen $n = 236,2$

Dampfverbrauch für die PSi-st $D_i = 3,92$ kg.

wiedergegeben. Zur Beurteilung des Expansionsverlaufes wurden die den
arbeitenden Dampfmengen entsprechenden Sättigungslinien eingetragen.

Der Expansionsvorgang vollzieht sich im Hochdruckzylinder bei den größeren
Belastungen vollständig im Ueberhitzungsgebiet, während bei geringer Belastung
die Expansionslinie annähernd mit der Sättigungslinie zusammenfällt. Im
Niederdruckzylinder ist dagegen der Dampf bei allen Belastungen während des
ganzen Expansionsvorganges überhitzt und verläßt auch den Zylinder in überhitztem Zustand.

Es interessiert nun besonders die Frage, welchen Einfluß die Zwischenüberhitzung auf die Wärmeausnutzung der Dampfmaschine und den Nutzeffekt der
gesamten Anlage ausübt. Die theoretische Arbeitsfähigkeit der Maschine (vergl.
Zahlentafel 10) wird durch die Zwischenüberhitzung bei gleichbleibendem Gesamt-

Zahlentafel 10.
Erhöhung der theoretischen ND.-Arbeit durch Zwischenüberhitzung.

	1	2	3
Dampftemperatur am Austritt HD. . . . . ^{0}C	198	174	151
entsprechende theoret. Arbeitsfähigkeit im ND. für 1 kg Dampf WE	118	105,5	103
Dampftemperatur hinter dem Zwischenüberhitzer . . . . ^{0}C	248	233	212
entsprechende theoret. Arbeitsfähigkeit im ND. für 1 kg Dampf WE	127	115,5	112
Zunahme der theoret. Arbeitsfähigkeit durch Zwischenüberhitzung in vH der ND.-Leistung . . . . . vH	7,6	9,5	8,7
» » » Gesamtleistung . . . . . »	**3,7**	**4,1**	**3,7**

druckgefälle um 3,7 bis 4,1 vH erhöht. Die wirkliche Arbeitzunahme hängt außer
von der Erhöhung der theoretischen Arbeit von dem Einflusse der Ueberhitzung
auf den Gütegrad des Niederdruckzylinders ab. Die mit der Vergrößerung der
indizierten und effektiven Maschinenleistung verbundene Verminderung des
Wärmeverbrauches der Maschine bedingt aber nicht unmittelbar den wirtschaftlichen Wert der Zwischenüberhitzung. Dieser kommt vielmehr — wenn zunächst
nur mehr wärmetechnische Gesichtspunkte berücksichtigt werden — nicht in
der möglichen Verminderung des Wärmeverbrauchs der Dampfmaschine, sondern
nur in der Verminderung des Kohlenverbrauches der ganzen Anlage zum
Ausdruck.

Eine verbreitete Auffassung geht dahin, daß die Anwendung der Zwischenüberhitzung bei der Lokomobile stets eine Verbesserung des Kesselwirkungsgrades
hervorrufe. Diese Anschauung setzt voraus, daß es möglich sei, den Abgasen
einer mit einfacher Ueberhitzung arbeitenden Verbundlokomobile unter Er-
niedrigung der Abgastemperaturen noch die zur Zwischenüberhitzung notwendige Wärme zu entziehen. Die zur Aufklärung dieser Ansicht erfolgende Gegenüberstellung der Rauchgastemperaturen der untersuchten Lokomobile mit denen
einer mit einfacher Ueberhitzung arbeitenden Lokomobile der gleichen Firma
in Zahlentafel 11 zeigt jedoch bei übereinstimmendem Kesselwirkungsgrad von
rd. 78 vH fast genau gleiche Abgastemperaturen hinter den Ueberhitzern,
während die Rauchgastemperatur zwischen beiden Ueberhitzern mit 287° bis
346° erheblich höher ist als die Abgastemperatur der Lokomobile mit einfacher
Ueberhitzung[1]. Der Einbau des Zwischenüberhitzers bewirkt somit lediglich
eine Verschiebung des Temperaturgefälles der Rauchgase, nicht aber eine

---

[1] Der bedeutende Temperaturabfall zwischen dem zweiten Ueberhitzer und dem Schornstein
bei der Tandemlokomobile wird durch Ausstrahlung der zum Zwecke der Zylinderheizung über-
höhten Rauchkammer hervorgerufen.

Zahlentafel 11. Rauchgastemperaturen.

	größte Belastung	mittlere Belastung	kleine Belastung
Verbundlokomobile mit einfacher Ueberhitzung[1]:			
Abgas-Temperatur im Schornstein . . . . °C	**286**	**267**	**227**
Tandemlokomobile mit doppelter Ueberhitzung:			
Temperatur zwischen beiden Ueberhitzern . . . . °C	346	328	287
» hinter dem Zwischenüberhitzer . . . . »	**298**	**277**	**242**
» im Schornstein . . . . »	245	227	198
übertragene Ueberhitzungswärme, bezogen auf 1 kg Kohle WE	195	233	241

[1] Zeitschrift des Vereines deutscher Ingenieure 1905 S. 189.

weitergehende Ausnutzung der Gase. Von einer kostenlosen Erzeugung der Ueberhitzungswärme des Niederdruckdampfes kann also nicht die Rede sein. Vielmehr ist bei unveränderter Größe des Kesselwirkungsgrades in beiden Maschinen ein Teil des Kohlenverbrauches als Aufwand für die Erzeugung der Zwischenüberhitzungswärme anzusprechen, der für die Erzeugung der ersten Ueberhitzung verloren geht. Bei einem Heizwert der Kohle von 7716 WE beträgt die für die Zwischenüberhitzung nutzbar gemachte Wärme im Mittel 3,0 vH, so daß der entsprechende Kohlenverbrauch sich auf $^3/_{78} = 3,8$ vH des Gesamtkohlenverbrauches steigert. Auf die Gesamtanlage bezogen, ergibt sich dieser Betrag als Aufwand für die Zwischenüberhitzung. Er entspricht annähernd genau dem theoretischen Gewinn der letzteren. Wenn also auch keine Erhöhung des Kesselwirkungsgrades durch die Zwischenüberhitzung bedingt wird, so geht andrerseits der Wärmeaufwand am Kessel auch nicht über die theoretische Arbeitzunahme im Niederdruckzylinder hinaus. Die Verluste durch Strahlung und Leitung, wie sie mit der Rauchgas-Zwischenüberhitzung bei ortfesten Anlagen sowie mit der Aufnehmerheizung durch Frischdampf verbunden sind, werden infolge der Lagerung des Ueberhitzers und der Anschlußleitungen hinter Hochdruck- und Niederdruckzylinder in der Rauchkammer vollständig vermieden. Es besteht somit hinsichtlich der Erzeugung der Ueberhitzungswärme eine bemerkenswerte Ueberlegenheit der Heizung durch Rauchgase, indem die ganze Verbesserung des Arbeitsvorganges im Niederdruckzylinder als Wärmeersparnis zum Ausdruck kommt, während bei Frischdampfheizung ein Teil der Zunahme des Gütegrades durch die mit der Heizung verbundenen Verluste aufgezehrt wird.

Bei normalen Betriebsanlagen stellt sich der Vergleich der Kesselwirkungsgrade und Abgastemperaturen für die mit doppelter Uberhitzung arbeitenden Maschinen meist erheblich günstiger, als in den Versuchen der Zahlentafel 11, da es möglich ist, bei gleicher Größe der Gesamtheizfläche der Ueberhitzer bei Betrieb mit Zwischenüberhitzung infolge des größeren Temperaturgefälles am Zwischenüberhitzer größere Wärmemengen zu übertragen und infolgedessen niedrigere Abgastemperaturen zu erzielen. Die Zwischenüberhitzung bietet daher den konstruktiven Vorteil, ohne Beeinträchtigung des Kesselwirkungsgrades und Wärmeverbrauches den Frischdampfüberhitzer zu verkleinern und die Zylinderkonstruktion zu vereinfachen. Sie dürfte daher bei geringer Frischdampfüberhitzung und nicht geheiztem Niederdruckzylinder dem Betrieb mit einfacher Ueberhitzung überlegen sein. Bei hoher Frischdampfüberhitzung dagegen ist der aus dem Hochdruckzylinder austretende Dampf bereits so hoch überhitzt, daß eine weitere Steigerung der Ueberhitzung außer der theoretischen Leistungssteigerung im Niederdruckzylinder keine merkliche Verbesserung des

Arbeitsvorganges herbeiführen dürfte. Dazu tritt bei der untersuchten Maschine der Umstand, daß der ganze Niederdruckzylinder mit beiden Deckeln und Steuergehäusen in der erweiterten Rauchkammer gelagert ist und durch die Rauchgase eine derartige allseitige Wärmeisolierung und Heizung erfährt, wie sie bei den üblichen Arten der Zylinderheizung durch Dampf überhaupt nicht erzielt werden kann. Bei einer so starken Heizung wird aber bereits bei geringer Ueberhitzung die Eintrittkondensation fast vollständig vermieden, so daß durch Steigerung der Ueberhitzung keine merkliche weitere Beschränkung der Wechselwirkung zwischen Dampf und Wandung zu erwarten ist, also auch keine Steigerung des Gütegrades eintritt.

Die Darstellung der Niederdruckdiagramme in Temperatur-Entropiediagrammen, Fig. 70 bis 72 zeigt im Vergleich zu dem für gleiche Kompressions- und Frischdampfmenge gezeichneten Arbeitsvorgang mit adiabatischer Expansion und Kompression, daß die wirklichen Expansionslinien fast vollkommen, die Kompressionslinien zum Teil mit Adiabaten zusammenfallen. Daraus geht einerseits hervor, daß keine Wechselwirkung zwischen Dampf und Wandung auftritt, andrerseits ist diese Beobachtung ein Beleg für die vollkommene Dichtheit des zur Dampfverteilung dienenden Kolbenschiebers, der auf jeder Zylinderseite durch zwei selbstspannende Dichtungsringe abgedichtet wurde.

Das Zusammenfallen der Expansions- und Kompressionslinien mit den Adiabaten ist besonders deutlich in Versuch 2 Fig. 71 zu beobachten, der auch im Dampfverbrauch die günstigsten Ausnutzungsziffern lieferte. Die Ursache hierfür kann nur in der vollkommenen Wärmeisolation der Zylinderheizung durch Rauchgase zu suchen sein. Die in den Diagrammen eingetragenen Heiztemperaturen stimmen nahezu mit den Höchsttemperaturen des Arbeitsdampfes überein; Schiebergehäuse, Kanäle und Zylinderoberfläche sind somit dauernd auf die Temperatur des eintretenden Dampfes erwärmt. Infolgedessen ist eine Wärmeabgabe des arbeitenden Dampfes an die Wandung und umge-

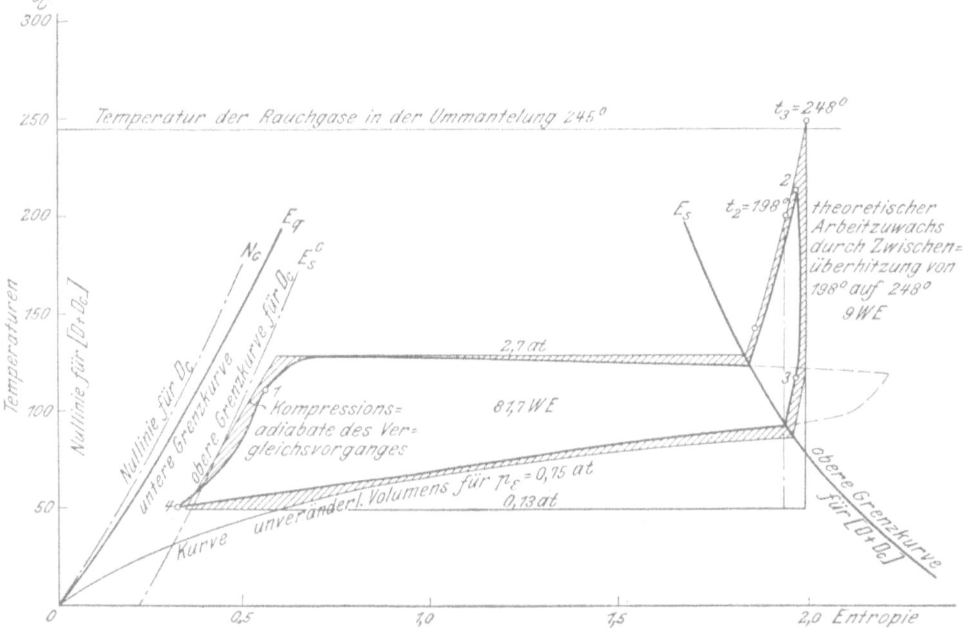

Fig. 70. Temperatur-Entropiediagramm des ND.-Zylinders. Versuch 1. Größte Belastung.

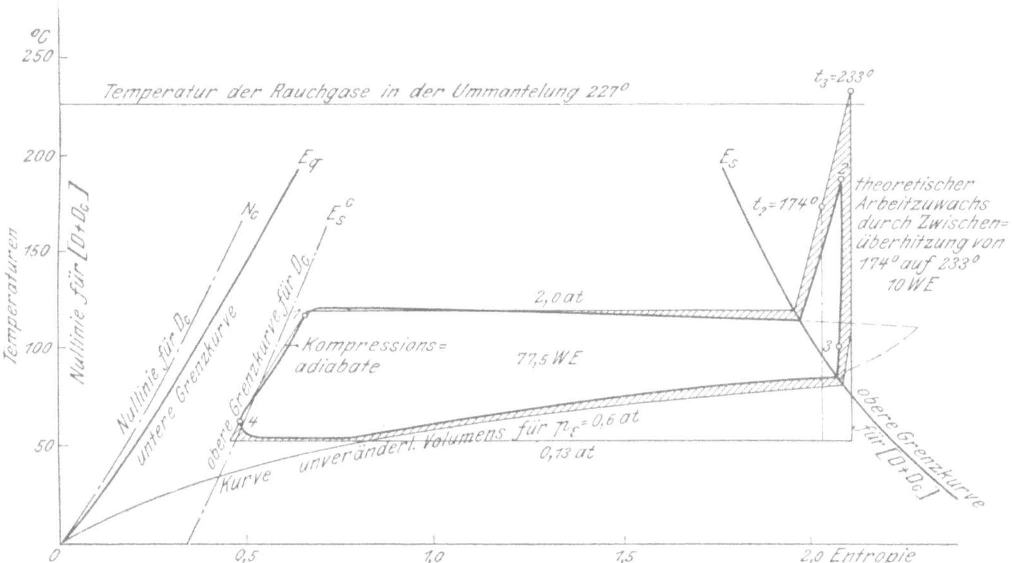

Fig. 71. Temperatur-Entropiediagramm des ND.-Zylinders. Versuch 2. Normale Belastung.

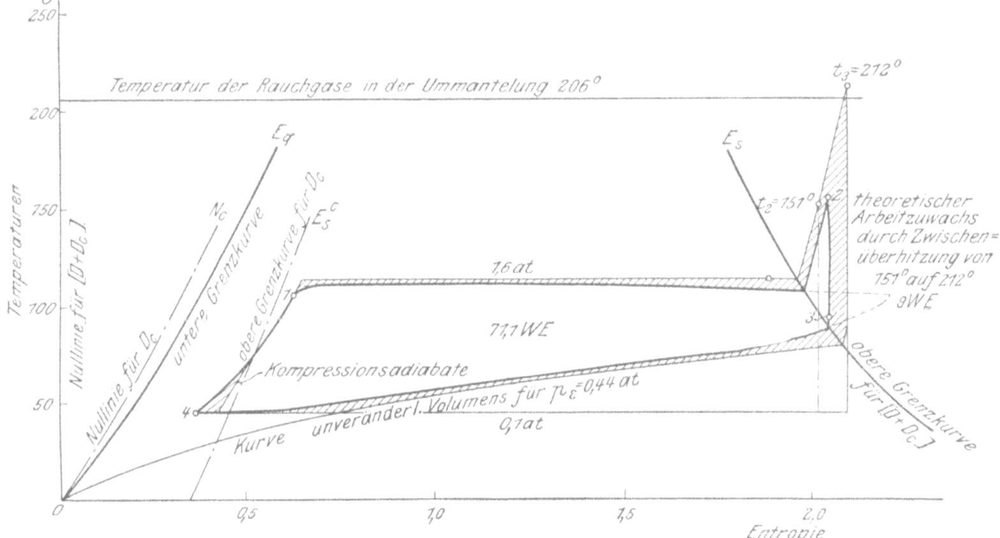

Fig. 72. Temperatur-Entropiediagramm des ND.-Zylinders. Versuch 3. Kleine Belastung.

kehrt eine Rückströmung aus der Wandung unmöglich. Eine unmittelbare Wärmeübertragung von den Rauchgasen an den Dampf ist nur in geringem Maße zu erwarten. Nur in dem Versuch mit kleiner Belastung, Fig. 72, könnte die Zunahme der Entropie zu Beginn des Kompressionsvorganges auf Wärmeaufnahme zurückgeführt werden, da die im Zylinder eingeschlossene Dampfmenge im Verhältnis zu den ausstrahlenden Flächen nur sehr geringe Größe besitzt.

Für die Annahme, daß die Beseitigung der Wechselwirkung zwischen Dampf und Wandung auf die wärmeisolierende Wirksamkeit der Heizung in stärkerem Maße wie auf die geringere Wärmeleitfähigkeit des hochüberhitzten Dampfes zurückzuführen ist, spricht die Tatsache, daß sich auch bei gesättigtem Dampf bei vollkommener Dichtheit der Steuerorgane und Kolben durch kräftige Heizung eine fast vollständige Beseitigung der Eintrittkondensation erzielen läßt. Fig. 73 zeigt das Diagramm einer mit 5,5 at arbeitenden Einzylindermaschine[1]), deren Zylinder, Steuergehäuse, Deckel und Kolben durch Dampf von 9 at kräftig geheizt wurden. Bei dieser fällt die Expansionslinie fast vollkommen mit der Sattdampfadiabate zusammen, und die in den Zylinder hineingeschickte Frischdampfmenge ist in dem Diagramm in voller Größe nachweisbar, so daß der Eintrittverlust fast in Wegfall kommt. Wärmeverluste werden in diesem Diagramm hauptsächlich durch den vollständigen Fortfall der Kompression hervorgerufen (s. schräg schraffierte Fläche links und Wärmebilanz).

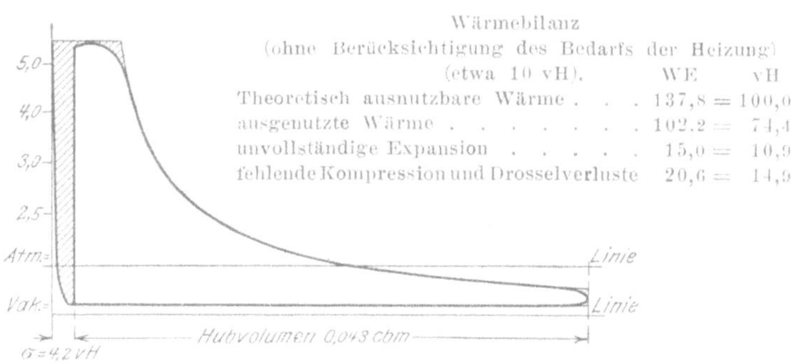

Fig. 73. Versuch an einer Einzylinder-Sattdampfmaschine $\frac{304}{600}$; $n = 30$ mit Heizung des Mantels, beider Deckel, der Schiebergehäuse und des Kolbens durch hochgespannten Dampf (9 at abs.). Leistung ∞ 9 PS, $n = 30$, $D = 6{,}18$ kg (ohne Heizbedarf)

Die Zwischenüberhitzung ist in der untersuchten Tandemlokomobile, bei welcher der Dampf den Niederdruckzylinder in überhitztem Zustande verläßt, mit einer Erhöhung der Expansionsendspannung und damit mit einer Verminderung der Expansionsfähigkeit des Dampfes verbunden, die gegenüber dem Betrieb ohne Zwischenüberhitzung eine Vergrößerung des Verlustes durch unvollständige Expansion zur Folge hat. Die zwischen Hoch- und Niederdruckzylinder auftretenden Druckverluste betragen im Mittel 0,22 at und sind in den Diagrammen Fig. 64 bis 69 ersichtlich gemacht durch Uebereinanderzeichnen der zusammengehörigen Aufnehmerlinien. Diese Druckverluste überschreiten zwar nicht die bei ortfesten Maschinen üblichen Werte, sind aber doch etwas höher als bei Verbundlokomobilen mit einfacher Ueberhitzung (vergl. die Diagramme Zeitschrift des Vereins deutscher Ingenieure 1905 S. 193 Fig. 7).

Die Zunahme der Verluste durch unvollständige Expansion und der Druckverluste auf der einen Seite, die ausgezeichnete Zylinderheizung auf der anderen Seite machen es wahrscheinlich, daß mit der Erhöhung der Eintrittemperatur im Niederdruckzylinder keine Steigerung der auf die theoretische Arbeitsfähigkeit bezogenen Wärmeausnutzung verbunden sein wird. Im günstigsten Falle dürfte sie nur so geringe Größe besitzen, daß sie als Leistungssteigerung oder Wärmeersparnis praktisch bedeutungslos ist. Daraus geht hervor, daß auch bei den mit hoher Frischdampfüberhitzung arbeitenden Verbundlokomobilen, deren Zylinder in der Rauchkammer liegen, die Zwischenüberhitzung trotz der günstigen Erzeugung der Ueberhitzungswärme von einem wirtschaftlichen Erfolge nicht mehr begleitet ist, insoweit nicht durch sie gleichzeitig eine Erhöhung des Kesselwirkungsgrads herbeigeführt werden kann.

---

[1]) Revue universelle des Mines 1904 Bd. 7 S. 66 und Proc. Just. Mech. Ing. 1905, Juni, p. 575, 603.

Bemerkungen zur Aufzeichnung der Druckvolum- und Temperaur-Entropie-
diagramme.
Fig. 15, 16, 25 bis 31, 37 bis 42, 48 bis 51 und 70 bis 72.

Die Aufzeichnung der Entropiediagramme erfolgte für gleiche Frischdampfmenge ($D = 1{,}0$ kg). Die arbeitenden Dampfmengen (Frischdampfmenge D + Kompressionsdampfmenge D_c) besitzen infolgedessen je nach der Größe der Kompressionsdampfmenge D_c verschiedene Werte. Gegenüber der meist üblichen Aufzeichnung für gleiche arbeitende Dampfmenge wird hierdurch der Vorteil erzielt, daß die Arbeits- und Verlustflächen der verschiedenen Diagramme in ihrer Flächengröße untereinander verglichen werden können. Die Diagrammfläche entspricht der in WE gemessenen Arbeitsleistung von 1 kg Frischdampf.

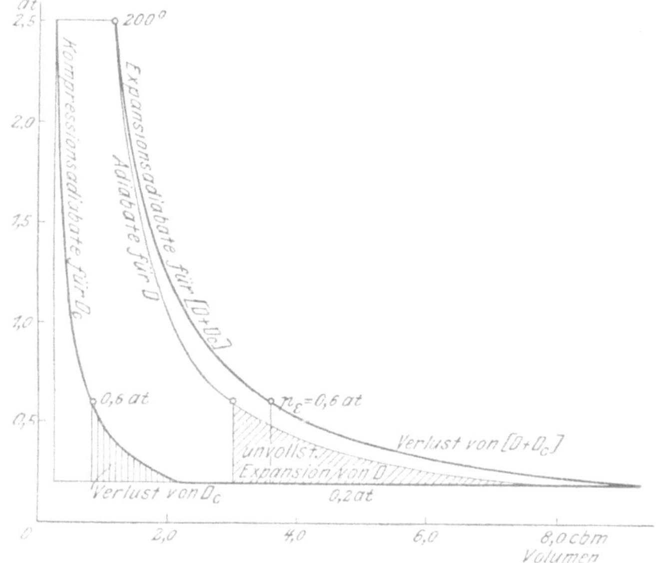

Fig. 74. Druck-Volumendiagramme für $(D + D_c)$ und (D).

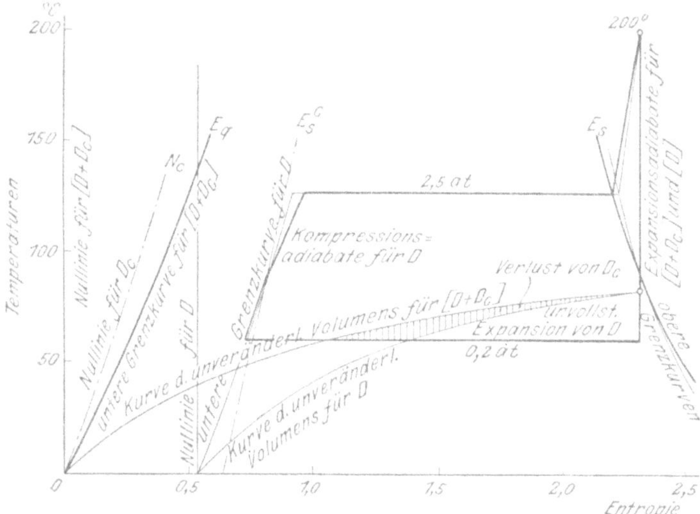

Fig. 75. Temperatur-Entropiediagramme für $(D + D_c)$ und (D).

Fig. 74 und 75. Theoretischer Arbeitsvorgang mit vollständiger adiabatischer Expansion.
a) Dampfmaschine ohne schädlichen Raum (arbeitende Dampfmenge = Frischdampfmenge D).
b) Dampfmaschine mit schädlichem Raum (arbeitende Dampfmenge = Frischdampfmenge D +
Kompressionsdampfmenge D_c).

Die Ableitung der Entropiediagramme erfolgte vollständig rechnerisch aus den mittleren Diagrammen beider Zylinderseiten, wobei die Originaldiagramme benutzt wurden, da eine Uebertragung aus umgezeichneten oder rankinisierten Diagrammen erhebliche Fehler insbesondere dann hervorruft, wenn zur Uebertragung zeichnerische Verfahren herangezogen werden.

Der Vergleich der Wärmediagramme mit den Entropiediagrammen des theoretischen Arbeitsvorganges läßt die absolute Größe und Verteilung der Wärmeverluste erkennen. Als theoretischer Arbeitsvorgang wurde dabei derjenige einer Dampfmaschine mit schädlichem Raum bei adiabatischer Expansion und Kompression verwendet, in welchem die Größe des schädlichen Raumes dem auf die Eintrittspannung und -Temperatur bezogenen Volumen der Kompressionsdampfmenge entspricht, also nicht etwa mit dem wirklichen schädlichen Raum des Zylinders übereinstimmt.

Dieser in den Fig. 74 und 75 dargestellte Arbeitsvorgang besitzt für Diagrammuntersuchungen erhebliche Vorzüge gegenüber dem Vergleichprozesse einer Dampfmaschine ohne schädlichen Raum, mit welchem er hinsichtlich der Größe der Arbeitsfläche genau übereinstimmt. Es entsprechen nämlich in ihm die während der Expansion und Kompression arbeitenden Dampfmengen genau den arbeitenden Dampfmengen des wirklichen Vorganges, so daß die wirklichen Expansions- und Kompressionslinien unmittelbar mit den zugehörigen Adiabaten verglichen werden können und der Vergleich der Arbeitsflächen somit ein richtiges Bild der Verteilung der Wärmeverluste bietet.

Bei der üblichen Bezugnahme auf eine Dampfmaschine ohne schädlichen Raum wird dieses Bild vollkommen entstellt, da an Stelle der Kompressionslinie der Dampfmenge D_c im Druckvolumdiagramm, Fig. 74, eine senkrechte Gerade, im Entropiediagramm, Fig. 75, die untere Grenzkurve für D tritt, während die theoretischen Expansionslinien einer um D_c kleineren Dampfmenge entsprechen. Hierdurch erscheint bei Eintragung des Vergleichsprozesses einer Dampfmaschine ohne schädlichen Raum im Druckvolumdiagramm unter der wirklichen Kompressionslinie eine Verlustfläche, die mit dem Kompressionsvorgang nichts zu tun hat, sondern zur Expansion gehört und nur durch den Unterschied der Arbeitsdampfmengen im wirklichen und theoretischen Vorgange verschoben erscheint, während anderseits eine kritische Beurteilung der getroffenen Annahmen hinsichtlich der Größe der Kompressionsdampfmenge unmöglich gemacht wird.

Die Bestimmung der Kompressionsdampfmenge ist stets mit einer gewissen Unsicherheit verbunden, da die während der Kompression eingeschlossene Dampfmenge keinen einheitlichen Zustand aufweist, und da es nicht möglich ist, die Aenderungen des Dampfzustandes im Innern der Maschine auf experimentellem Wege mit einfachen Mitteln zu beobachten. Die angenäherte Berechnung der Kompressionsdampfmenge erfolgt am zweckmäßigsten derart, daß die wirkliche Kompressionslinie durch eine denselben Druck- und Temperaturgrenzen angehörende, mit ihr möglichst nahe übereinstimmende Adiabate ersetzt sind, die durch punktweise Berechnung des während der Kompression arbeitenden Dampfgewichtes bestimmt wird. Die Kompressionsadiabate verläuft im Sattdampfgebiet, links von E_s^c, äquidistant zur Nullinie N_c für D_c, während sie im Ueberhitzungsgebiet wesentlich abweicht, da die Ueberhitzung während der Kompression im Entropiediagramm nur als Vergrößerung der Entropie zum Ausdruck gelangt. Die Unsicherheit hinsichtlich der Größe der Kompressionsdampfmenge haftet allen wärmetheoretischen Diagrammuntersuchungen an und beeinträchtigt die Genauigkeit der Diagramme und Vergleichskurven im einzelnen. Wurde z. B. die Kompressionsdampfmenge zu klein angenommen, so sind infolge Verschiebung der Grenzkurven des Entropiediagrammes nach rechts bei gleichem Verlauf des wirklichen Diagrammes die Dampftemperaturen während der Expansion niedriger, im umgekehrten Falle höher, als die Aufzeichnung des Entropiediagrammes ergibt. Die Wärmerechnung jedoch wird hierdurch nicht beeinflußt, wenn die Wechselwirkung zwischen Dampf und Wandung nicht für die einzelnen Teile des Arbeitsvorganges getrennt, sondern nur als Summe angegeben wird.

Infolge der für den Vergleich ungemein wertvollen, weitgehenden Uebereinstimmung mit dem wirklichen Arbeitsvorgang ist der in der vorliegenden Abhandlung ausschließlich verwendete Vergleichprozeß der mit gleicher Expansions- und Kompressionsdampfmenge arbeitenden theoretischen Maschine für Diagrammuntersuchungen vorzüglich geeignet und dem bisher allgemein verwendeten Vorgang[1]) in einer Dampfmaschine ohne schädlichen Raum weit überlegen. Ueberraschenderweise wird in der umfangreichen Literatur über wärmetechnische Fragen trotz der offensichtlichen Nachteile des üblichen Prozesses an keiner Stelle auf diesen Arbeitsvorgang hingewiesen.

Der Vergleichprozeß mit adiabatischer Expansion und Kompression gestattet, auch den Verlust durch unvollständige Expansion nach seiner wahren Größe zu beurteilen. Dieser Verlust, welcher der im Niederdruckzylinder nicht ausführbaren Expansion von der wirklichen Endexpansionsspannung p_e auf die Kondensatorspannung entspricht, wird meist nur auf die Frischdampfmenge D bezogen, während er in Wirklichkeit der arbeitenden Dampfmenge $(D + D_c)$ entspricht, also um den in Fig. 74 und 75 durch Schraffur hervorgehobenen Verlust von D_c größer ist. Der Unterschied beträgt je nach der Größe der Kompressionsdampfmenge bis zu 30 vH des auf die Frischdampfmenge allein bezogenen Verlustes und darf bei genaueren Wärmerechnungen nicht übersehen werden. Wird im Entropiediagramm, wie üblich, die Kurve konstanten Volumens nur für D eingetragen, so erscheinen die Austrittverluste um den Betrag der unvollständigen Expansion von D_c zu hoch. Eine Zunahme des schädlichen Raumes erhöht diesen zusätzlichen Verlust.

Anhang.

Die im Vorstehenden zur Beurteilung der Zwischenüberhitzung durch Rauchgase herangezogene Heißdampf-Tandemlokomobile hatte den zur Zeit der Ausführung der Versuche an Dampfmaschinen nachgewiesenen geringsten Dampf- und Kohlenverbrauch für die Pferdekraft und Stunde ergeben. Es erscheint daher von allgemeiner Bedeutung, der vorliegenden Studie einige Bemerkungen über die Stellung der mitgeteilten Versuche zu sonstigen in der Literatur bekannt gewordenen Dampfverbrauchsergebnissen anzuschließen. Zu diesem Zwecke bietet Zahlentafel 12 eine Nebeneinanderstellung der günstigsten in der Literatur mitgeteilten Versuchsergebnisse an Kolbendampfmaschinen mit dem besten von der Wolf-Lokomobile erzielten Ergebnis. Die Angaben sind dabei auf die indizierte Leistung bezogen, da auf die effektive Leistung bezogene Versuche für die betreffenden ortfesten Maschinen nicht vorliegen.

Dieser Vergleich behält auch gegenüber den in der neuesten Zeit veröffentlichten wesentlich günstigeren Versuchsergebnissen an Heißdampflokomobilen seine Berechtigung, da diese nur mit einer außergewöhnlich hohen Eintrittüberhitzung (Frischdampftemperaturen von 400⁰ bis über 500⁰) erreicht wurden, deren Anwendung im Dauerbetrieb aus betriebstechnischen Gründen zurzeit für normale Anlagen ausgeschlossen sein dürfte, während die vorliegenden Versuche mit einer für kleine Maschinen als normal anzusehenden Frischdampfüberhitzung (316 bis 348⁰) durchgeführt worden sind.

Aus der Zusammenstellung seien folgende Einzelheiten hervorgehoben:

Trotz der großen Verschiedenheit in Bauart, Steuerung und Größe der Maschinen zeigt die Wärmeausnutzung in den verschiedenen Maschinen bemerkenswert gleichartige Ergebnisse. Die prozentuale Ausnutzung der zugeführten Wärme zur Arbeitsleistung ist nahezu dieselbe und beträgt im Mittel 80 vH. Außerdem aber sind auch die Wärmeverluste in den Zylindern, welche die Drosselungsverluste in der Steuerung, die Uebertrittsverluste zwischen den Zylindern, die Verluste durch Wechselwirkung zwischen

---

[1]) Zeitschrift des Vereines deutscher Ingenieure 1903 S. 1405 und 1905 S. 1192.

Zahlentafel 12. Vergleichende Zusammenstellung von Versuchsergebnissen an Dampfmaschinen.

	liegende Vierzylinder-Dreifach-Expansionsmaschine		liegende Tandem-maschine Van den Kerchove, Z.[1] 1903 S. 1283, Versuch XVI	Tandem-Lokomobile R. Wolf, Z.[1] 1908 S. 1592, Versuch 2
	Gebr. Sulzer, Z.[1] 1905 S. 1411	A.-G. Görlitzer Maschinenbauanstalt, Z.[1] 1902 S. 187, Versuch I		
Steuerung eines Zylinders durch	4 Ventile	4 Ventile	4 steh. Kolbenschieber mit Dichtungsringen	einfach. Kolbenschieber mit Dichtungsringen
Eintrittspannung . . . at abs.	13,2	13,3	10,3	16,1
Eintrittemperatur . . . . ^{0}C	303,0	314,4	352,8	329,0
Gegendruck . . . . at abs.		0,13	0,14	0,13
End-Expansionsdruck . » »		**0,35**	**0,47**	**0,60**
minutl. Umdrehungen		83,5	126,9	236,6
indizierte Gesamtleistung . PS_i	5000	2550,9	214,7	110,7
Dampfverbrauch für die PS_i-st kg	3,96	4,05	4,03	3,73
Wärmeverbrauch » » » WE	**2891**	**2980**	**3007**	**2872**

	WE	WE	vH	WE	vH	WE	vH
theoretische Arbeitsfähigkeit für 1 kg Dampf		194,0	100,0	193,8	100,0	213,5	100,0
zur Arbeitsleistung nutzbar . .	160,0	156,2	**80,5**	157,0	**81,0**	170,0	**79,6**
Verlust durch unvollst. Expansion		11,0	5,7	15,5	8,0	24,4	11,4
Wärmeaufwand für Mantelheizung		— } 26,8	— } 13,8	2,7 } 21,3	1,4 } 11,0	0,0 } 19,1	0,0 } 9,0
sonstige Wärmeverluste . . .		—	—	18,6	**9,6**	19,1	**9,0**

[1] Z. = Zeitschrift des Vereines deutscher Ingenieure.

Dampf und Wandung, Undichtheiten, Strahlung usw. umfassen, in ihrer
Summe nur wenig verschieden und betragen 9 bis 10 vH der theoretisch
zur Arbeitsleistung ausnutzbaren Wärme. Insofern diese Uebereinstimmung
der Verluste unter Anwendung ganz verschiedener Steuersysteme erzielt
wurde, läßt sich erkennen, daß die Größe des mit der Zylinder- und Steuerungskonstruktion zusammenhängenden Verlustes auf die gesamten Wärmeverluste der Maschine nur von untergeordneter Bedeutung ist. Es ist offenbar
mit diesen übereinstimmenden Werten von 9 bis 10 vH eine Grenze der praktisch möglichen Verkleinerung der Wärmeverluste erreicht, deren Unterschrei-
tung kaum noch möglich erscheint, und die auch bei den mit höchster Frischdampfüberhitzung ausgeführten neueren Lokomobilversuchen nicht unterschritten
werden.

Der Vergleich der Wärmebilanz läßt weiterhin erkennen, einen wie wesent-
lichen Anteil an der günstigen Wärmeausnutzung der Mehrzylindermaschinen
die infolge Vergrößerung der Zylinderzahl wirtschaftlich zulässige Erhöhung
der Expansionsfähigkeit des Dampfes besitzt, durch welche der Verlust durch
unvollständige Expansion auf sehr geringe Größe (hier 5,7 vH) beschränkt wird.
Bei Verbundmaschinen sind die entsprechenden Verluste erheblich größer. Sie
betragen bei der 200 pferdigen liegenden Tandemmaschine 8 vH und erhöhen
sich bei der Tandemlokomobile infolge der bedeutenden Vergrößerung des
arbeitenden Dampfvolumens durch die Zwischenüberhitzung sogar auf 11,4 vH
trotz größeren Zylinderverhältnisses. Dieser große Verlust durch unvollständige
Expansion wird nur dadurch ausgeglichen, daß die durch den Einbau beider
Zylinder und sämtlicher Verbindungsleitungen in die Rauchkammer erzielte
Heizung und Wärmeisolierung der Lokomobilzylinder nicht als Verlust erscheint.. Bei den ortfesten Maschinen bedingt dagegen die Zylinderheizung

stets einen in der Wärmebilanz auftretenden Verlust, da sie durch Dampf erfolgt, dessen Arbeitswert der Ausnutzung in der Maschine entzogen wird. Bei der Maschine von Van den Kerchove ist bei hoher Frischdampfüberhitzung und Heizung beider Zylinder durch Arbeitsdampf der Bedarf der Mantelheizung mit 1,4 vH nur gering, während er bei der 2500pferdigen Großdampfmaschine erheblich größer ist (4 bis 5 vH) infolge geringerer Ueberhitzung und Heizung der drei großen Zylinder und des zweiten Aufnehmers durch gedrosselten Frischdampf. Es erübrigt noch darauf hinzuweisen, daß der günstigere Wärmeverbrauch der Lokomobile bei gleicher prozentualer Wärmeausnutzung der zugeführten Wärme auf die Vergrößerung der theoretischen Arbeitsfähigkeit durch höhere Eintrittspannung und die nachträgliche Wärmeaufnahme durch Zwischenüberhitzung zurückzuführen ist. Der Wärmeverbrauch ist ungefähr gleich dem einer 5000pferdigen Großdampfmaschine der Berliner Elektrizitätswerke, s. Zahlentafel 12, die allerdings mit geringeren Eintrittemperaturen und ohne Zwischenüberhitzung, aber wahrscheinlich mit größerer Gesamtexpansion und höherem Vakuum arbeitete.

Die Gegenüberstellung der Versuche zeigt, daß die wärmetheoretische Nutzleistung der Lokomobile nur durch die unvollständige Expansion im Niederdruckzylinder nennenswert beeinträchtigt wird, während die übrigen Verluste so gering sind, daß ihre weitere Verringerung praktisch kaum erreichbar erscheint. Einen noch deutlicheren Einblick in die Verteilung der Verluste in der untersuchten Lokomobile gewähren die anschließenden Zahlentafeln. Zahlentafel 13 zeigt die Verluste durch unvollständige Expansion für D und D_c sowie die übrigen Wärmeverluste, bezogen auf die Summe der theoretischen Arbeitsfähigkeit beider Zylinder ziffernmäßig für die 3 Vergleichsversuche.

Zahlentafel 13.

Heißdampf-Tandem-Lokomobile: Verteilung der Wärmeverluste.

Versuchsnummer		1		2		3	
		WE	vH	WE	vH	WE	vH
theoretische Arbeitsfähigkeit	HD.	97,5		106,8		113,5	
	ND.	127,1		115,5		112,0	
	HD. + ND.	224,6	100,0	222,3	100,0	225,5	100,0
Verlust durch unvollständige Expansion von D . . .	HD.	3,0		3,7		1,6	
	ND.	29,4		24,4		15,7	
	HD. + ND.	32,4	14,4	27,1	12,2	17,3	7,7
Verlust durch unvollständige Expansion von D_c . . .	HD.	0,7		0,8		0,5	
	ND.	2,4		3,4		2,5	
	HD. + ND.	3,1	1,4	4,2	1,9	3,0	1,3
Sonstige Wärmeverluste . .	HD.	11,2		10,8		21,1	
	ND.	13,6		10,2		22,7	
	HD. + ND.	24,8	**10,9**	21,0	**9,5**	43,8	**19,4**

Die sonstigen Wärmeverluste, die nur 9,5 bis 19,4 vH der Summe der theoretischen Arbeitsfähigkeit beider Zylinder betragen, umfassen die Drosselverluste in den Ueberhitzern, in den Hoch- und Niederdrucksteuerungen, sowie der Abdampfleitung, außerdem die Verluste durch Wechselwirkung zwischen Dampf und Zylinderwandung. Wenn auch diese Einzelverluste sich nicht genau bestimmen lassen, so ist doch ihre relative Größe angenähert aus den Diagrammen zu ermitteln. Es wurden aus den Indikatordiagrammen durch Vervollständigung der Expansionslinien bis zur Eintrittspannung vor Hoch- und Niederdruckzylinder die mit den Durchgangswiderständen der Ueberhitzer, der Ein- und Auslaßsteuerung des Hochdruckzylinders und der Einlaßsteuerung des Niederdruckes verbundenen Verluste ausgemittelt; ferner wurde die in den Entropiediagrammen zwischen der Austrittlinie und der Kurve gleichbleibenden Volumens sowie der Kondensatortemperatur nachweisbare Wärmemenge als Drosselverlust der Auslaßsteuerung des Niederdruckes und der Abdampfleitung angenommen. Mit dieser Näherungsrechnung, bei der die Drosselverluste wohl etwas überschätzt werden, ergeben sich folgende Werte für die Verteilung:

Zahlentafel 14. Heißdampf-Tandem-Lokomobile:
Drosselverluste und Wechselwirkung mit der Wandung.

Versuchsnummer	1		2		3	
	WE	vH	WE	vH	WE	vH
Drosselverluste	19,5	8,7	18,0	8,1	28,7	12,7
Wechselwirkung zwischen Dampf und Wandung	5,3	2,2	3,0	1,5	15,1	6,7
gesamte Wärmeverluste	24,8	10,9	21,0	9,5	43,8	19,4

Einen Ueberblick über die gesamte Wärmeverteilung gewährt Fig. 76.

Die Erhöhung des wärmetheoretischen Nutzeffektes liegt in der wirksamen Heizung beider Zylinder durch die Abgase, welche die Arbeitsweise des Dampfes dadurch günstig beeinflußt, daß die schädliche Wechselwirkung zwischen Dampf und Zylinderwandung fast verschwindet. Die Zwischenüberhitzung durch Rauchgase ist dagegen von geringerer Bedeutung. Sie bewirkt zwar eine Verminderung des auf die indizierte Leistung bezogenen Wärmeverbrauches, ist aber für die Anlage nur von geringem wirtschaftlichem Erfolge begleitet. Die durch Zwischenüberhitzung vergrößerte Arbeitsfähigkeit des Niederdruckdampfes wird

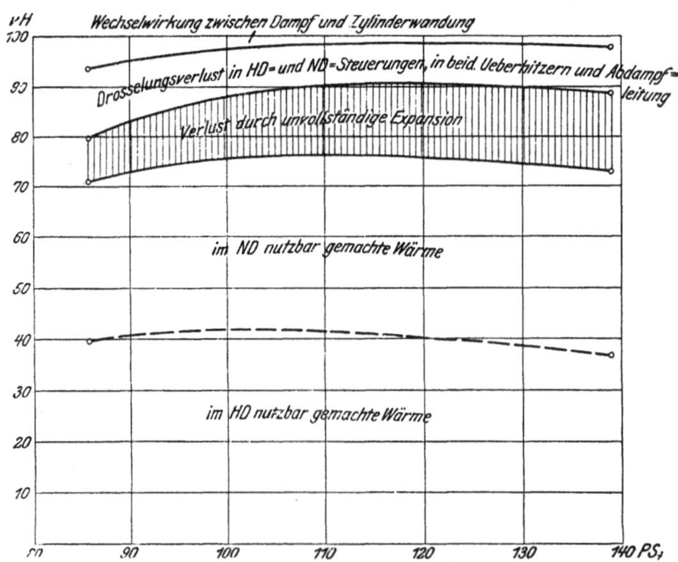

Fig. 76. Wärmeverteilung der Tandem-Lokomobile, bezogen auf die Summe der theoretischen Arbeitsfähigkeit in beiden Zylindern.

aufgehoben durch den vermehrten Kohlenaufwand, durch die Druckverluste am Zwischenüberhitzer und die verminderte Expansionsfähigkeit im Niederdruck-zylinder. Eine weitere Erhöhung der Wärmeausnutzung der Lokomobile dürfte außer durch Steigerung der Eintrittstemperatur des Frischdampfes (unter Verzicht auf die Zwischen-Ueberhitzung) nur durch Vergrößerung der Expansionsfähigkeit des Dampfes, also Verminderung des Verlustes durch unvollständige Expansion erreichbar sein, während durch Abänderung der Steuerungskonstruktion wärme-technische Vorteile nicht erwartet werden können.

Additional material from *Mitteilungen über Forschungsarbeiten,*
ISBN 978-3-662-01714-2, is available at http//extras.springer.com